宜昌核桃丰产栽培技术

YICHANG HETAO FENGCHAN ZAIPEI JISHU

宜昌市林木种苗推广中心　主编

中国林业出版社
China Forestry Publishing House

图书在版编目(CIP)数据

宜昌核桃丰产栽培技术 / 宜昌市林木种苗推广中心主编 .
—北京：中国林业出版社，2020.6
ISBN 978-7-5219-0556-4

Ⅰ. ①宜…　Ⅱ. ①宜…　Ⅲ. ①核桃–果树园艺　Ⅳ. ①S664.1

中国版本图书馆 CIP 数据核字(2020)第 073231 号

中国林业出版社

责任编辑：李　顺　陈　慧
出版咨询：(010) 83143569

出　　版：中国林业出版社（100009 北京西城刘海胡同 7 号）
网　　站：http：//www. forestry. gov. cn/lycb. html
电　　话：(010) 83143500
发　　行：中国林业出版社
印　　刷：北京博海升彩色印刷有限公司
版　　次：2020 年 6 月第 1 版
印　　次：2020 年 6 月第 1 次
开　　本：787mm × 1092mm　1/16
字　　数：250 千字
印　　张：12.25
定　　价：98.00 元

《宜昌核桃丰产栽培技术》编委会

主　　任：刘新平
副 主 任：张松林　曹光毅　何清泉　张惠琴
　　　　　徐慎东　张立新　杜云明
主　　编：陈邦清　王黎明　易尚源
成　　员(按姓氏笔画为序)：
　　　　　王微琼　李纯琼　杨世文　应中华
　　　　　周鸿彬　梅　花　彭刚志　鲁晓雄
　　　　　隗　权　黄祥丰　李国圣　杨　剑

主管单位：宜昌市林业和园林局
承编单位：宜昌市林木种苗推广中心

前言 | Preface

核桃是世界重要的坚果类果树和木本油料树种之一，具有很高的食用和药用价值，也是高档家具用材和加工业原料。核桃树高大，枝叶繁茂，根群发达，有很强的防尘、净化空气和保护环境的能力，有涵养水源、保持水土的作用，核桃全身都是宝。

中国是核桃原产地之一和传统出口国家，在国际贸易市场上占有重要地位，出口居世界第2位。目前核桃已经成为主产区农村经济的支柱产业，在乡村振兴和脱贫攻坚中发挥着重要作用。核桃产业成为践行习近平总书记"绿水青山就是金山银山"理念的有效载体。

进入21世纪，国内外核桃市场的持续繁荣，引发了新的发展热潮。湖北省核桃栽培历史悠久，自2007年以来，核桃产业规模呈现"井喷式"发展，其发展规模占总规模的80%以上。十堰、宜昌、襄樊、恩施、神农架林区等市（州）20个县（市、区）发展迅猛，其中种植规模超过10万亩*的县有房县、兴山县、保康县、秭归县、郧西县等。全省核桃坚果产量也在逐年上升，从1990年的1540t，到2016年报告的9.4万t，种植规模居全国第9位，产量居全国第10位，成为全省继板栗、油茶之后的第三大经济林树种，核桃基地规模约占全省经济林总规模的9.7%，年产值约38亿元，约占全省经济林总产值的15%，在全省生态文明建设和产业扶贫中扮演着十分重要的角色。

宜昌自2002年借助退耕还林、现代农业等项目建设机遇，核桃进入规模种植阶段，特别是2010年以来进入快速发展期。2018年年底全市保有核桃面积70.35万亩，占全国的0.8%，占全省的23%，居十堰之后排全省第2位。核桃是全市规模仅次于柑橘种植面积的经济林树种，秭归、兴山、长阳、夷陵区、五峰等山区县（市、区）分布较多。核桃规模化种植涉及乡镇61个，行政村453个，农户近10万户。其中，万亩以上乡镇25个，千亩以上村164个，百亩以上大户88个。

宜昌核桃发展规模板块不小，但效益不明显。近5年的年报统计显示，坚果产量均在2万t左右，也出现种植户毁林还田的现象，不结果、不保果、低质量果成为制约宜昌核桃产业发展的新瓶颈。综合分析，认识不足、品种不优、技术支撑不够、适地适树执行不

---

* 1亩=1/15公顷。

够、管理缺失等问题客观存在。

为进一步深化对核桃产业的认识，理清发展思路，作为主管部门，宜昌市林业和园林局开展了一系列调研，2017 年邀请国家核桃首席专家裴东研究员深入兴山、秭归现场调研，外出山西、云南等核桃主产区实地考察，组织各县（市、区）座谈调研，在深度调研的基础上，提出坚定信心、完善体系、突出重点、优化政策、加快发展的思路，加强核桃丰产栽培技术攻关，实现能结果、多结果、结好果的奋斗目标。

根据市林业和园林局的安排，由宜昌市林木种苗推广中心承担全市木本油料产业推进工作，重点开展宜昌市核桃丰产栽培技术攻关和示范推广。2017 年 9 月，宜昌市核桃丰产栽培技术攻关团队正式成立。

课题组在全市核桃主产区精心布局了 500 亩示范园，有针对性地开展了品种繁育、整形修剪、土壤肥料、水分控制、病虫害防控、合理间作 6 大技术攻关，旨在通过优选优育发现宜昌乡土核桃良种，通过试验示范找到适合宜昌核桃生产的管理技术体系，通过技术攻关破解宜昌核桃病虫害多、雨水多、不易坐果的技术瓶颈，通过推广培训培养一批懂技术、懂管理的农民核桃技术员，推进宜昌核桃产业健康发展。

通过团队 3 年的研究和实践，实现了有健康叶、有健壮枝、有饱满花、有大量优质果的培管目标，解决了众多瓶颈问题，总结了宜昌核桃丰产栽培技术要点。为更好地指导全市核桃产业发展，充分发挥技术支撑作用，真正将科学技术转化为生产力，课题组在分析、借鉴市内外先进理论的基础上，认真总结和归纳实践经验，上升为技术理论，组织编写了《宜昌核桃丰产栽培技术》。

本书介绍了宜昌核桃栽培历史，科普了核桃生物学知识，剖析了施肥、修剪技术及原理，总结了常见病虫害种类和防控措施，可为专业技术人员提供可第一手学习素材和理论参考，为广大核桃种植户提供操作性很强的技术保障。本书的编印出版得到宜昌市林业和园林局的大力支持，是全市基层林业技术人员及从事核桃专业种植专家们智慧的结晶，更是核桃技术攻关团队"不忘初心、牢记使命"实践成果。本书还要感谢中国林科院核桃首席专家裴东研究员、湖北农业大学张志华教授、长江大学吴楚教授等专家学者的鼎力支持和指导，更要感谢中农乐后稷核桃研究所核桃专家张振民、北京丰民同和国际农业科技发展有限公司土壤肥料专家孙云才等专家的真知灼见，在此一并致谢。

编者

2019 年 12 月 9 日

目录 | Contents

第一章

核桃起源及栽培历史

第一节 中国核桃起源

核桃（*Juglans regia*）、泡核桃（铁核桃）（*Juglans sigillata*）是中国栽培历史悠久、分布广泛、种质资源极为丰富的古老果树，其中泡核桃（铁核桃）为中国原产。而对中国栽培最为广泛的核桃（国外称为波斯核桃或英国核桃）的原产地，却众说纷纭。中国核桃科技工作者通过多种途径和方法，考古察今，分析论证，证明中国是世界核桃原产地之一，从而使讹传多年的中国核桃来自外国的说法得以澄清。

一、核桃的起源

关于中国核桃（*Juglans regia* L.）的起源，流传最广的文字记载是西晋张华（公元232～300年）编撰的《博物志》中记载"张骞使西域还，乃得胡桃种"，但西汉著名史学家司马迁（公元前145年至公元前90年）撰写的《史记》、北魏贾思勰（公元533～544年）撰写的《齐民要术》、元朝孟祺（1273年）等编写的《农桑辑要》等科学著作均无张骞引胡桃种的记录。另外，美国的 H. 福特、德国园艺学家伯特拉姆·库恩（Betram Krun）、英国植物学家勃基尔（I. H. Burkill）、日本学者菊池秋雄等国外著名学者均对张骞引胡桃种之说颇有异议。

据《中国植物化石》第三册中有关中国新生代植物考察研究资料表明，胡桃属植物在地质年代晚第三纪（距今1200万～4000万年）时已有6个种分布于中国西南和东北各地。1954年在陕西省西安半坡原始氏族公社部落遗址（距今约6000年）发现有核桃及柿的孢粉存在。1966～1968年，中国科学院西藏科学考察队在聂聂雄湖沉积物中，也曾发现核桃、山核桃等树种花粉遗存，并在邬郁—邬龙地层中采集到第三纪时期的核桃花粉。1980年在河北省武安县磁山村发现距今七八千年原始社会遗址，出土了遗存的炭化核桃坚果残壳，证明早在2500万年以前或更早时期中国就已有核桃种存在的事实。

这些考古成果有力否认了查无实据的张骞从西域带回核桃种这一流传久远的讹传。郗荣庭（1981）根据古籍查考、化石、炭化核桃坚果、地质孢粉发掘和近代研究报道，认为核桃不是一地起源而是多地起源，提出中国也是核桃的起源地之一。

中国林业和果树科学工作者，为探讨研究中国核桃的起源问题，在地理分布、文献考证等方面取得了明显的进展。段盛娘（1984）认为喜马拉雅山南坡山谷早有野生型、过渡型和栽熠型核桃存在。路安民（1982）根据化石资料结合现代核桃分布分析，认为核桃科植物极可能起源于中国西南部和中南半岛北部，并将核桃科分为9属71个种，中国原产7属28种。

大量而充分的研究资料表明中国是世界核桃原产地之一，并且具有丰富的种质资源。

二、泡核桃的起源

中国泡核桃（*Juglans sigilla* Dode）又称铁核桃，其起源并无疑论，国内外有关书籍均有原产中国的论述。泡核桃主要分布在中国云南、贵州全境和四川、湖南、广西西部及西藏南部，沿怒江、澜沧江、金沙江、岷江和雅鲁藏布江等流域分布，与第三纪核桃属植物沿喜马拉雅山至中南半岛的沿江分布有明显的渊源。

四川省林业科学研究所于 1981 年在四川冕宁县野海子发掘出大量木材、果实、枝叶等森林遗迹，经 ^{14}C 年龄鉴定为距今 6058（±167）年。发掘果实遗存中有核桃，其核果圆形，表面密布深纹，壳厚，经鉴定为泡核桃。通过果实和木材鉴定，证明当时野海子古森林的主要树种组成中有云南油杉、丽江铁杉、泡核桃及杜鹃等，是以针叶林为主的亚热带针叶林和常绿阔叶林混交林，证明 6000 年前泡核桃已在四川大量生长。孙云蔚教授在《中国果树史与果树资源》中肯定分布于中国云南、贵州、四川的泡核桃属于中国原产。2002 年在云南大理州漾濞县雪山河一块发现于河滩的核桃古木，经中国科学院考古研究所测定，早在 2.6 万年前，漾濞就有核桃分布。

第二节　湖北核桃起源及栽培历史

湖北省核桃栽培历史悠久。清朝初期，陈淏子（1688）在其所著《花镜》中称"胡桃一名羌桃，万岁子，壳薄肉多易脆者名胡桃，产荆襄；壳厚需重槌破者名山核桃，产燕、齐"，荆襄即湖北省襄阳地区荆山山脉。清康熙年间，湖北兴山县志记载该县"邑产颇多，桃米可以远贸"，其中"桃"即核桃。民国初年，齐家鑫（1946）在其《国防用材核桃木》中称"在西洋和日本方面有谓其（核桃）原产地为川边或西域或中亚者，也有谓其原产地为鄂西及川、陕、滇高地者"。

新中国成立前，核桃种植多处于实生繁殖状态。20 世纪 50 年代，湖北省曾经历了一次核桃种植发展高潮，在规模和产量方面都较以前有很大的提高。到了 60 年代，由于全国政治运动的影响，核桃种植业曾一度下滑。70 年代后期，在国家经济复苏的背景下，核桃种植业开始恢复发展，品质和产量不断提高。1979 年，在山西召开的全国干鲜果交流会上，湖北建始景阳薄壳核桃与全国著名的商洛核桃在出仁率和含油率方面并列第一。1986 年，湖北南漳县成为了当时全国核桃生产重点县。1990 年，全省核桃坚果达到 1540t。2004 年总产达 4078t，列居全国第 14 位。2012 年全省核桃坚果产量 91351t，列居全国第 12 位。2016 年报告的 9.4 万 t，种植规模居全国第 9 位，产量居全国第 10 位（中国统计年鉴）。

退耕还林工程实施以来，核桃由于具有丰富的营养和较高生态、经济效益，受到社会各界的广泛关注。特别是 2007 年以后，湖北省核桃基地建设规模呈现 "井喷" 式的发展势头，全省核桃种植规模从 1996 年约 1 万 hm² 发展到目前约 16.8 万 hm²，其中 2007 年后发展规模占总规模的 80% 以上。其主要的种植区域包括十堰各县，襄阳的南漳、保康，宜昌各县，恩施的巴东、建始、利川及神农架林区等近 20 个县市，其中种植规模超过 10 万亩的县（市）有房县、兴山、保康、秭归、郧西等。作为湖北省继板栗、油茶之后的第三大经济林树种，核桃基地规模约占全省经济林总规模的 9.7%，年产值约 38 亿元，约占全省经济林总产值的 15%，在湖北省生态文明建设和产业扶贫中扮演着十分重要的角色。

十二五以来，受国内外核桃需求市场的推动和各级政府的引导重视，湖北核桃种植业出现了前所未有的发展高潮，主要呈现如下特点：

（1）政府引导，核桃发展空前高涨。各级政府纷纷出台政策激励核桃种植业发展，鄂西山区包括秭归、保康、房县、巴东、兴山等县市的林业部门甚至县委、县政府都把发展核桃产业作为全县的主要工作来抓，湖北省林业厅规划 2011—2020 年全省新发展核桃林 120 万亩，目前全省统计面积已达 200 万亩。

（2）正确宣传，科技意识不断加强。通过良种良法的重要性宣传，目前全省新造林基本上全部采用了良种嫁接苗。种植企业或个人也积极寻求与科技支撑单位合作，科学技术在新造林管理和老林改造过程中的作用不断加强。

（3）种植规模和产量不断增加，核桃地位明显提高。1996 年全省核桃栽培面积仅约 15 万亩，到 2010 年全省核桃栽培面积增加至 17.5 万亩，其中 2007—2010 年新造核桃林约 4 万亩。全省核桃坚果产量也在逐年上升，从 1990 年的 1540t，到 2004 年的 4078t，居全国 14 位；再到 2006 年的 9051t，居全国第 12 位；2009 年全省核桃坚果产量达到 4 万 t；2012 年全省核桃坚果产量 91351t，列居全国第 12 位；2016 年报告的 9.4 万 t，种植规模居全国第 9 位，产量居全国第 10 位（中国统计年鉴）。

本节根据《湖北省核桃产业的现状及对策》文章整编。

第三节　宜昌核桃起源及栽培历史

一、宜昌核桃的起源

核桃在宜昌栽培历史悠久，清光绪版刻本《兴山县志》记载："核桃，一名胡桃，邑产颇多，桃米可以远贸。" 栽培最广泛的核桃原产地究竟在哪里，国内学者众说纷纭。近年来，我国科技工作者通过多种途径和方法考古查今、分析论证可确切证明中国是世界核桃原产中心之一。

按照 1979 年《中国植物志》第 21 卷和 2004 年《中国植物志》第 1 卷的分类方法，

核桃属植物分为 3 个组,即核桃组、核桃楸组、黑核桃组。核桃组(又名胡桃组)包括核桃、泡核桃,核桃楸组(又名胡桃楸组)包括核桃楸、野核桃、麻核桃、吉宝核桃、心形核桃,黑核桃组包括黑核桃、北加州黑核桃。

宜昌分布有核桃属中的核桃、铁核桃、野核桃 3 个种及引进的山核桃(属山核桃属)。野核桃在夷陵、兴山、秭归、长阳、五峰等山地旷野广为分布,泡核桃有少量引种,而核桃因无史料可查,来源不详,一般认为是从中国其他核桃产地引种繁育而来。据调查,宜昌市中、高山地区(海拔 800 ~ 1500m)土地面积 1215 万亩,占全市总面积的 38%,均适合发展核桃。夷陵区、点军区、宜都市、当阳市、五峰土家族自治县、长阳土家族自治县、秭归县、兴山县、远安县都有核桃自然分布,宜昌现有核桃古树(年龄 100 年以上)67 株。

二、宜昌核桃的栽培历史

宜昌核桃种植以前处于自发无序状态,新中国成立后随国家、省一样,逐步缓慢复苏,20 世纪 70 年代后期全市进行了大规模的"两林"基地建设,宜昌核桃生产处于鼎盛时期,产量和品质不断提高,1978 年全市核桃总产量达 851t,其中兴山 348t、长阳 167t、秭归 147t、夷陵 118t,1999 年全市核桃总产量 412t。

进入 21 世纪,人们的生活水平不断提高,但食用油 60% 依赖进口,从保障粮油安全的角度国家开始布局国内油料生产,特别是 2009 年中央 1 号文件对加快木本油料产业发展作出重点安排和布置。2010 年宜昌市林业局编制了《宜昌市百亿木本油料产业总体规划》,规划到 2020 年,全市建设以核桃、油茶为主的木本油料林基地 300 万亩,实现木本油料产业综合产值过 100 亿。各地抓住退耕还林、现代农业开发、石漠化治理、低产林改造等项目政策,强力推进核桃基地建设。据相关数据统计显示,截至 2018 年年底,全市核桃面积达 70.35 万亩,占全省的 23%,全国的 0.8%,涉及乡镇 61 个,行政村 453 个,农户近 10 万户,其中万亩以上乡镇 25 个,千亩以上村 164 个,百亩以上大户 88 个。

宜昌核桃主产区栽培情况介绍如下:

(一)夷陵区

1990 年,下堡坪乡从辽宁、北京、山东引进辽核 1 号、中林 1 号、礼品 1 号、香玲、阿 7 等 14 个核桃品种,组建下堡坪乡核桃总场,发展核桃 3000 亩。2007 年成立的湖北省东灵农业股份公司是一家集优良核桃品种引种试验、种苗繁育、种植示范基地建设、核桃栽培技术研究及推广为一体的省级林业产业化重点龙头企业,该公司引进河北农业大学郗荣庭教授培育的日本核桃品种"清香",从 2008 年开始规模化核桃良种繁育,年出圃苗木可达 100 万株,除供本地使用外,还销售到恩施、襄阳、十堰、神龙架等地。夷陵区从 2009 年起稳步推进核桃产业发展,新发展 8 万亩,品种以全省推广的优良品种"清香"

为主，占总面积的 90% 以上，配套有"辽核""上宋"等辅助授粉品种，分布在全区 11 个乡镇，其中万亩以上乡镇 5 个，千亩以上村 32 个，百亩以上大户 15 个。2016 年全区核桃干果产量 1.5 万 t。

（二）兴山县

全县 8 个乡镇都有核桃生产史，主要集中在海拔 400～1200m 的中高山地区。1949 年全县核桃总产量 5550kg，1966 年达到 30.5 万 kg，1978 年达到 34.76 万 kg，创历史最高记录。20 世纪八九十年代，核桃生产受挫，产量大幅下滑。到 2002 年，全县核桃总产量仅 12.6 万 kg，2004 年 20 万 kg。兴山核桃优良品种主要为薄壳核桃，是国家地理商标保护的品牌。2008 年，兴山县委、县政府做出《关于突破性发展核桃产业的决定》，致力打造全省核桃产业名县和中国核桃之乡，经过 8 年的努力，全县新造核桃 18 万亩，加上老园，总规模 22 万亩，共涉及 84 个村，1.4 万农户。过万亩乡镇 4 个，千亩以上村 43 个，百亩以上大户 18 个，专业合作社 19 个，500 株以上的农户有 83 户，育苗单位以县林科所为主，加工企业主要是智慧果林业科技公司。2016 年干果产量达 8000t。

（三）秭归县

2002 年 7 月，秭归县召开专题办公会，决定在全县高山地区发展核桃 5 万亩，并引进早实优良核桃苗 2 万株，在两河口镇雨水荒村营建 500 亩示范园。2003～2007 年通过实施退耕还林工程发展核桃 3.2 万亩，2008～2015 年借助巩固退耕还林成果、现代农业开发、三峡后续项目、石漠化治理、新一轮退耕还林、低产林改造等项目，新发展 14 万亩，加上原有散生资源，全县面积 22.3 万亩。全县 12 个乡镇，其中万亩以上乡镇 10 个，千亩以上村 66 个，3000 亩以上的村 10 个，百亩以上大户 11 个，主要育苗企业有金城林木良种繁育场，加工企业有宜昌秭源食品有限公司。2016 年挂果面积 11 万亩，干果产量 4800t。

（四）长阳土家族自治县

2009 年，长阳土家族自治县通过《百万亩木本油料产业建设规划》，计划用 10 年左右的时间建成以核桃为主的木本油料基地 666.7km^2。8 年来，长阳发展核桃 10.7 万亩，分布 11 个乡镇 50 个村，万亩以上乡镇 5 个，千亩以上村 40 个，百亩以上大户 40 个，育苗企业 2 个，加工企业有湖北华饴、龙池山生态农业开发有限公司。2016 年核桃产量 80t。

第四节 核桃的生态区划

中国核桃的生态区划有多种，在国家首席核桃专家裴东和河北农业大学张志华教授合著的《核桃学》中，根据地理气候因素、核桃生长结果表现、种源种质特征和社会经济因素4方面条件，将中国核桃和铁核桃的生态区划成6大区域。以甘肃兰州为中点，东部的北界与年平均气温8℃分界线接近，西部的北界与年平均气温6℃度分界线接近。

（1）东部近海分布区，包括冀、京、辽、津、鲁、豫、皖。该区核桃垂直分布在10多米至1000m多，最高可达1560m，主要在燕山、太行山、泰山、蒙山等山地，开阔台地或山丘间平地及沟洼地带。年均温8.4～15.1℃，年降水量493.6～892.7mm，无霜期169～210d，年日照时数2072.8～2916.2h。土壤以棕壤、褐色土为主。

（2）黄土丘陵区，包括晋、陕、甘、青、宁。该区核桃垂直分布在200～2500m范围内，主要以黄土丘陵区为主。年均温7.9～13.4℃，年降水量371.7～563.7mm，无霜期183.8～202.8d，年日照时数2256.1～2636.3h。晋南及陕中山区有褐土、棕壤土及山地棕壤，平原有镂土、黄绵土，陕北为褐土，宁南黑垆土。

（3）秦巴山区，包括甘肃南部和陕西秦岭以南的汉中、安康、商洛等地。秦巴山区的核桃多种植在半高山或浅山丘陵的坡麓耕地边埂或"四旁"。垂直分布在海拔500～2000m之间，年均温11.6～15.7℃，年降水量779.6～910.3mm，无霜期200～230d，年日照时数1789.6～1831.7h。土壤类型为山地黄棕壤、山地黄褐土和山地棕壤。

（4）新疆沙漠绿洲区，核桃分布在环塔里木盆地的周边绿洲，主要产区有和田、叶城、库车、阿克苏、乌什、温宿等县市。核桃种植在可灌溉的农耕地上或散生，并同作物间作，土壤中盐分高。垂直分布在海拔1000～1500m范围内，年均温10.6～12.1℃，年降水量25.0～35.0mm，无霜期200～230d，年日照时数2694.7～3156.6h。新疆核桃种植区为灌溉农业区，栽培品种较为单一，矮化密植园比例高，整体呈规模化和标准化。

（5）云贵高原区，包括云南、贵州和四川西部铁核桃产区。垂直分布在海拔400～2700m范围内，年均温10.6～17.1℃，年降水量971.4～1042.6mm，无霜期206.4～262.2d，年日照时数1796.7～2421.8h。滇东北有山地黄棕壤，滇西多红壤、黄红壤、黄棕壤，滇中有暗红壤，贵州为山地黄壤、石灰土，川西多山地棕壤、红壤。

（6）西藏分布区，该区兼有核桃和铁核桃分布。核桃多数种植在包括雅鲁藏布江沿岸自日喀则至林芝。栽培核桃的垂直分布为海拔200～3800m，年均温4.7～8.5℃，年降水量295.8～654.1mm，无霜期117.4～175.9d，年日照时数1978.3～3172.3h。雅鲁藏布江沿岸阶地多有暗棕壤和漂灰土，林芝有山地棕壤，较高阶地有巴嘎土、黑毡土。

根据地理位置，宜昌属于秦巴山区，日照时数偏低和多雨为其主要缺陷。核桃主栽区为夷陵区、秭归、兴山、长阳、五峰等县（区），远安县和宜都市有零星分布和少量人工栽培。

按照《中国果树志·核桃》上的区划，湖北省核桃为华中华南分布区的鄂、湘亚区；根据湖北省核桃课题协作组的调查研究，宜昌为鄂西南巫山中低山核桃主要栽培区。

第五节　核桃的价值

核桃全身都是宝，具有很高的价值，在经济、生态和文化等方面都有体现（根据《核桃学》第 5～12 页内容，分解相关价值）。

一、经济价值

核桃的经济价值主要体现在营养价值、食用价值、药用价值、油用价值和工业价值方面。

（一）营养价值

营养物质是人体生长发育和维持生命活动的物质基础，是人类劳动生产和进行一切活动的能量源泉。核桃营养成分丰富，营养保健功能明显，含有丰富的人体必需的优质脂肪、蛋白质、粗纤维、多种维生素、矿质元素和脂肪酸等多种成分，成为世界公认的优良营养保健食品，深受广大消费者的喜爱，中国誉之为"长寿果""万岁果"，欧洲称之为"大力士食品"，美国加利福尼亚州核桃委员会称之为"21 世纪超级食品"。美国食品及药品管理局（FDA）2004 年通过了核桃作为保健食品的许可。核桃的种仁、种皮、雄花、隔膜等都有营养价值。

1. 核桃仁

核桃仁营养丰富，每 100g 干核桃仁中含水分 3～4g，脂肪 63.0g，蛋白质 15.4g，碳水化合物 10.7g，粗纤维 5.8g，磷 329mg，钙 108mg，铁 3.2mg，胡萝卜素 0.17mg，维生素 $B_1$0.32mg，维生素 $B_2$0.11mg，维生素 $B_3$1.0mg。核桃仁中含有 18 种氨基酸，其中人体必需的氨基酸含量较高。核桃仁中的钙、磷、铁、胡萝卜素、维生素 B_1、维生素 B_3、维生素 B_2 均高于板栗、枣、苹果、山楂、桃、鸭梨、柿等常见果品，特别是碘含量较高（14～33mg/kg），对儿童的生长发育非常有利。北京联合大学冯春艳、荣瑞芬研究认为，核桃仁平均含脂肪 73.79%、蛋白质 16.51%、可溶性糖 3.56%、黄酮 0.52%，以及丰富的不饱和脂肪酸。研究结果显示，核桃仁营养和功能成分含量，与不同品种、产地土壤气候条件、管理水平有密切关系。国外检测结果和国内不同地域生产的核桃营养成分含量，会有一定的差异。据美国农业部国家营养数据库（USDA National Nutrient databank）资料，每 100g 核桃仁含脂肪 56.21g、蛋白质 15.23g、碳水化合物总量 13.7g 以及丰富的矿物质元素和脂肪酸含量。

2. 种皮（仁皮）

种皮指包裹在种仁外面的薄皮，有黄、白、棕、红等多种颜色，亦称仁皮或内种皮。

种皮含涩味，受品种、产地土壤气候条件、管理水平、味觉灵敏度等影响，其涩味程度表现不同。万郑敏等采用高效液相色谱分析核桃种皮中的酚类物质，检测到含有17种酚类物质，无种皮种仁中仅有7种，表明种皮中酚类物质含量丰富，其中部分酚类物质仅存在种皮内。北京联合大学冯春燕等以云南三台核桃、陕西商洛核桃和北京密云核桃为试材，对3个产地核桃样品的种皮特性、质量和营养成分进行了检测分析。结果表明，云南大姚核桃（三台核桃）种皮较薄，陕西商洛核桃种皮中等，北京密云核桃种皮最厚，种皮厚度分别占带皮种仁的3.42%、3.75%和4.12%。种皮颜色从深到浅顺序为北京核桃、陕西核桃、云南核桃，并表明种皮厚薄对食用带种皮核桃仁的口感有明显影响。此外，研究结果还显示，3种核桃种皮蛋白质含量平均为10.97%，可溶性糖含量为5.26%，高于种仁（3.56%）1.61个百分点，矿质元素含量除钾和锌外，种皮均远高于种仁，膳食纤维为种仁的3.3倍，黄酮含量高于种仁5.33倍，总酚含量是种仁的7.18倍。

3. 雄花序

核桃进入盛果期后，雄花序逐渐增多。近年研究发现，雄花序内含有丰富的营养物质，是中国农村传统食用材料。据河北大学王俊丽测定，上宋6号核桃的花粉营养和功能成分含有蛋白质25.38%，氨基酸总量21.33%，可溶性糖11.08%，磷5775 mg/kg，钾5838 mg/kg，钙1330mg/kg，维生素 B_3 281.9 mg/kg，维生素 B_1 48.1 mg/kg，维生素 B_2 17.2 mg/kg，维生素 K 11.8 mg/kg，维生素 E 4.4 mg/kg，β－胡萝卜素1.5 mg/kg。认为核桃雄花序是营养丰富的天然食品。

昆明理工大学陈朝银等在《大姚核桃花的营养成分分析》中认为，核桃雄花营养较为全面、丰富，是良好的天然营养食品和保健食品。尤其是干雄花序中含有21.23%的蛋白质、13.16%的膳食纤维和51.04%的碳水化合物，显示其营养价值是较高的。核桃雄花序资源丰富，营养功能全面，具有较好的开发利用价值。

（二）食用价值

核桃的营养价值高，历史上人们对核桃仁的食用也有深入的认识，开发出许多菜肴，丰富了中国美食。后汉三国时期北海相孔融在《与诸卿书》中说："先日多惠胡桃，深知笃意。"明代文学家徐渭曾写有《咏胡桃》诗。乾隆和嘉庆年间，西藏达赖喇嘛和班禅活佛每年都向皇帝进贡核桃，为皇帝和达官贵人享用，并以核桃为主、辅食材，做成多种皇宫膳食。自古就有民间食用核桃仁，认为具有产妇保健、促进身体发育、健脑益智、延年益寿等功效，并制成多种核桃食品、药膳和菜肴。

我国南北各地以核桃仁为主料的食品很多，如琥珀核桃仁、速溶核桃粉、糖水核桃罐头、甜香核桃、核桃精、银香核桃、咖喱核桃、雪衣核桃、核桃酪、奶油桃仁饼、核桃布丁盏等。

以核桃仁为主（辅）料的菜肴也有很多，如酱爆核桃、五香核桃、糖醋核桃、椒盐桃仁、油氽核桃仁、核桃泥、桃仁果酱煎饼卷、椒麻鲜核桃、核桃巧克力冻、核桃排、核桃蛋糕等，各地形成各具特色的核桃保健食谱。

以核桃仁为主料的药膳如人参胡桃汤、乌发汤、阿胶核桃、核桃仁粥、核桃五味子囊糊、核桃首麻汤、风髓汤、黄酒核桃泥汤、润肺仁饼、莲子锅蒸、枸杞桃仁羊肾汤、桃杞鸡卷等，食疗配方多种多样。

（三）药用价值

核桃药用价值是我国多年来研究的热点之一。据古代医书《千金方》记载："凡欲治疗，先以食疗，既食疗不愈，后乃用药尔。"其他许多医药名著中都有食疗和食补的记载与论说。利用核桃预防和治疗疾病，不但为历代医药学家所推崇，也为现代医学所验证。

核桃具有广泛的医疗保健作用，核桃仁可补气养血、温肠补肾、止咳润肺，为常用的补药。常食核桃可益命门，利三焦，散肿毒，通经脉，黑须发，利小便，去五痔。内服核桃青皮（中药称青龙衣）对慢性气管炎、肝胃气痛有疗效；外用治顽癣和跌打外伤。坚果隔膜（中药称分心木）可辅助治疗肾虚遗精和遗尿。核桃的枝叶入药可抑制肿瘤、治疗全身瘙痒等。

中医认为核桃性温、味甘、无毒，有健胃、补血、润肺、养神等功效。20世纪90年代以来，美国等国科学家通过营养学和病理学的研究认为，核桃对于心血管疾病、Ⅱ型糖尿病、癌症和神经系统疾病有一定康复治疗和预防效果。我国中医学药理研究认为，核桃各器官对多种疾病有一定的辅助治疗作用。

1. 药用材料

果仁：我国中医书籍记载，核桃仁有通经脉、润血管、补气养血、润燥化痰、益命门、利三焦、温肺润肠等功用，常服核桃仁皮肉细腻光润。中国古代和中世纪的欧洲，曾用核桃治疗秃发、牙痛、狂犬病、皮癣、精神痴呆和大脑麻痹症等。

枝条：枝条制剂能增加肾上腺皮质的作用，提高内分泌等体液的调节能力。核桃枝条制取液或者加龙葵全草制成的核葵注射液，对宫颈癌、甲状腺癌等有不同程度的疗效。

叶片：核桃叶片提取物有杀菌消炎、愈合伤口、治疗皮肤类疾病等作用。

根皮：根皮制剂为温和的泻剂，可用于慢性便秘。

树皮：单独熬水可治瘙痒，若与枫杨树叶共熬成汁，可治疗肾囊风等。

果实：青皮在中医验方中果实青皮称为"青龙衣"。内含胡桃醌、鞣质、没食子酸、胡桃醌、生物碱和萘醌等，对一些皮肤类及胃神经疾病有功效。

2. 营养保健

蛋白质：核桃仁中蛋白质含量丰富，其中清蛋白、球蛋白、谷蛋白和醇溶谷蛋白分别占蛋白质总量的6.81%、17.57%、5.33%和70.11%，对提高人体免疫力，促进激素分泌、胃肠健康有良好功效。核桃仁中含有18种氨基酸，其中8种为人体必需氨基酸。核桃仁蛋白系优质蛋白，消化率和净蛋白比值较高。美国科学家通过研究认为，核桃对心血管疾病、Ⅱ型糖尿病有康复治疗效果。

脂肪：核桃仁中脂肪主要成分为脂肪酸和磷脂。脂肪酸可代谢为二十五烯酸（EPA）和二十二碳六烯酸（DHA）。EPA 具有降低血脂、预防脑血栓形成等作用；DHA 有提高记忆力，增加视网膜反射力，预防老年痴呆等作用，被誉为"脑黄金"。

膳食纤维：核桃种皮含有丰富的膳食纤维，是"完全不能被消化道酶消化的植物成分"，且主要从植物中摄取。膳食纤维与冠心病、糖尿病、高血压等有密切关系。其重要生理功能已被人们了解和认识。

维生素：维生素是人体正常生理代谢不可缺少的小分子有机物。核桃仁中维生素种类齐全，比较符合人体生理需要，在身体中主要对新陈代谢起调节作用。

矿物质：矿物质是构成人体需要的七大营养素之一，它具有维持机体组成，细胞内外渗透压、酸碱平衡、神经和肌肉兴奋等作用，核桃仁是提供丰富矿质元素的重要坚果。

3. 功能保健

酚类物质：酚类物质是植物果实中次生代谢物质——苯酚的衍生物，与植物生长发育、生理功能关系密切。核桃仁中含有丰富的多酚类物质，具有显著的抗氧化作用，具有抑制低密度脂蛋白氧化和延缓衰老的功效。

酚酸类物质：现代药理试验表明，咖啡酸、绿原酸等多种酚酸类物质，具有抗氧化、抗诱变和抑制癌细胞活性的作用，对预防血栓、高血压、动脉硬化和降血脂等有一定效果。郝艳宾等（2009）用薄壳香核桃为试材，分析了核桃果实青皮、坚果、壳皮、种皮和种仁中酚酸类物质含量。结果表明，果实青皮和种皮中都有对人体有益、丰富的酚酸类物质，其中种皮就含有 9 种酚酸物质和 3 种黄酮类物质，其含量除阿魏酸外均达最高水平。食用去掉种皮的核桃仁，将损失许多对人体有益的功能成分。

核桃油：核桃油中含有人体必需的不饱和脂肪酸，主要是油酸、亚油酸、亚麻酸。3 种不饱和脂肪酸总量约占脂肪酸含量的 90%。饱和脂肪酸主要是棕榈酸和硬脂酸，约占脂肪酸含量的 10%。北京联合大学冯春燕（2010）以云南、陕西、北京三地核桃油为试材检测结果表明，平均含 $\omega-9$ 油酸 13.91%（11.89% ~ 17.02%）、$\omega-6$ 亚油酸 68.64%（65.97% ~ 72.00%）、$\omega-3$ 亚麻酸 9.42%（7.47% ~ 12.7%）。饱和脂肪酸占脂肪酸总量的 7.88%，不饱和脂肪酸占脂肪酸总量的 91.56%。另外，多不饱和脂肪酸占不饱和脂肪酸量的 77.60%，单不饱和脂肪酸占不饱和脂肪酸量的 14.05%。单不饱和脂肪酸具有降低血压、血糖、胆固醇的效果，多不饱和脂肪酸有益智健脑、预防心脏病、增强免疫力等作用。

北京市农林科学院林业果树研究所郝艳宾等（2002）以香玲、清香、薄壳香、漾濞（泡核桃）4 个核桃品种油脂为试材，检测了多种脂肪酸含量，表明核桃油中亚麻酸（$\omega-3$）比花生油、菜籽油、大豆油含量高，食用核桃仁或核桃油可以补充体内生理代谢需要的不饱和脂肪酸促进身体健康。

为减缓核桃油中不饱和脂肪酸的氧化速度，北京市农林科学院林业果树研究所利用 TBHQ 抗氧化效应，使核桃油在 25℃ 下，贮藏期从 3 个月延长至 30 个月以上，并制成核桃油微胶囊，达到四季性能稳定，使用方便的效果。

核桃仁中含有较丰富的黄酮类物质。黄酮类化合物具有扩张冠状血管、增强心脏机能、抑制肿瘤等多种作用。最新发现黄酮还是激发脑潜能的物质，有效抑制中老年人脑功能衰退。2014 年由我国老中医纪本章主审、中西医结合专家昌必生编著的《巧吃核桃抗百病》，介绍了中国多地长寿之乡老寿星通过多年食用核桃抗御慢性病的养生经验。书中讲述了西安交通大学药学研究室从未成熟的嫩核桃仁（半浆半硬）中分析发现了"脑磷脂蛋白酶"，这种酶具有修复脑细胞的显著作用，并获得了国内外医学专家的认可和关注。说明长期食用半熟嫩核桃仁，对预防疾病和辅助治疗慢性病具有良好的功效。

（四）油用价值

核桃仁中含有 70% 左右的优质脂肪，核桃油被列为高级食用油，称为植物油中的油王。核桃油中脂肪酸主要是不饱气的油酸、亚油酸和亚麻酸，占脂肪酸总量的 90% 以上。亚油酸（ω-6 脂肪酸）和亚麻酸（ω-3 脂肪酸）是人体必需的两种脂肪酸，容易消化、吸收，是前列腺素、EPA 和 DHA 的合成原料，对维持人体健康、调节生理机能有重要作用。试验表明，核桃油能有效降低突然死亡的风险，减少患癌症的概率。在钙摄入不足的情况下，能有效降低骨质疏松症的发生。常食核桃仁和核桃油不仅不会升高胆固醇，还能软化血管、减少肠道对胆固醇的吸收，阻滞胆固醇的形成并使之排出体外，很适合动脉硬化、高血压、冠心病患者食用。亚麻酸有减少炎症发生和促进血小板凝聚的作用；亚油酸能促进皮肤发育和保护皮肤营养，利于毛发健美。此外，核桃油还广泛用作机械润滑油；由于核桃油流动性好，欧洲画家一般利用核桃油制作油画。

核桃榨油后的饼粕中仍含有丰富的蛋白质等营养物质，其中蛋白质含有很多的磷脂蛋白。充分利用核桃饼粕制作其他食用产品，如喷雾干燥核桃粉可制作多种保健食品或核桃饮料，开发核桃系列产品是今后研究开发的重要内容。

近年来，中国核桃油加工企业逐年增加，核桃油等级品牌不断增加，既丰富了食用油市场、又拉动了核桃产业发展。

（五）工业价值

随着工业化的发展，能源消费剧增，煤炭、石油、天然气等能源资源消耗迅速，人类社会的可持续发展受到严重威胁。开发再生能源是人类社会面临的重要任务。核桃含油量高达 60% 以上，是生物液体燃料的潜在树种。

核桃木材质地坚硬，纹理细致，伸缩性小，抗冲击力强，不翘不裂，不受虫蛀，是航空、交通和军事工业的重要原料。因其质坚、纹细、富弹性、易磨光，是制作乐器和枪托用材。近年来，核桃木经加工处理，常用作高档轿车、火车车厢、飞机螺旋桨、仪器箱盒、室内装修等材料，其用途范围还在不断扩大。

核桃的树皮、叶片和果实青皮含有大量的单宁物质，可提炼鞣酸制取烤胶，用于染料、制革、纺织等行业。枝、叶、坚果内横隔还是传统的中药材。果壳可烧制成优质的活性炭，是国防工业制造防毒面具的优质材料。用核桃壳生产的抗聚剂代替木材生产的抗聚剂，用于合成橡胶工业，可以减少木材的消耗和对森林的破坏。

二、生态价值

核桃树冠多呈半圆形，枝干秀挺，国内外常作为行道树或观赏树种。在山坡丘陵地区栽植，具有涵养水源、保持水土的作用。核桃是具有很强防尘功能的环保树种。据测定，成片核桃林在冬季无叶的情况下能减少降尘28.4%，春季展叶后可减少降尘44.7%。核桃耐旱耐瘠薄，适应性强，全国20多个省（自治区、直辖市）都有核桃分布和栽培，是优化农业种植结构、绿化荒山荒滩的重要生态经济树种，对实现国土绿化、增加森林覆盖率和木材蓄积量具有显著而深远的影响。

三、文化价值

核桃享有很高的文化声誉，在国内外都有许多神话传说和现实寓意，成为人们追求美好生活的精神载体。

在古希腊，核桃是神树。Carrya 是古希腊核桃的名字，传说一个叫 Dionysus（狄俄尼索斯）的神爱上了一个叫 Caria（卡利亚）的女孩，当女孩意外死亡后，他把她变成了核桃树。古希腊人认为，如果一个女子怀孕前和怀孕期间吃核桃，生的儿子智商将很高。

在意大利，称核桃树为"女巫之树"。传说在意大利的贝内文托，有一棵古老的核桃树，女巫在圣约翰内斯（Saint Johanes）之夜在这棵树下作法，由此，这棵树被命名为"女巫之树"。由于核桃树与女巫联系在一起，并且一些农民在核桃树下睡醒后出现发烧或偏头痛，因此在该地区，核桃树受到了敌视。

在罗马，农民不喜欢种植核桃树，他们把核桃果视为邪恶的象征，认为如果他们这样做了，将早日死亡。相反，核桃树成为居住在法国的乡村佛教信徒的聚集地，他们被邀请在核桃树下睡一个晚上来体验返璞归真的精神。

在古罗马，婚礼仪式上，新郎陪同新娘到寺院的时候将核桃扔在地面上，表明他将战胜各种困难，承担起家庭的责任。但在斯洛文尼亚，新婚夫妇制作一些包裹核桃、榛子、杏仁等干果的面卷，象征着家族繁荣兴旺。

在许多地方，核桃是财富的象征。俄罗斯和意大利农民都有将坚果装在口袋里当作护身符的传统。格林兄弟的《铁炉》一书中，一位公主收到蟾蜍女王的3个核桃，作为护身符，克服了重重困难嫁给了王子。

在保加利亚，8月和圣诞节前夕，人们通过砸核桃来断定自己的命运，如果饱满表示好运，空壳的或坏仁表示霉运；在过去，农民在自己房屋周围种上一棵核桃树，作为聚会或吃饭乘凉的地方。在意大利，孩子出生时种上一棵核桃树成为一个传统，树的快速生长代表孩子的茁壮成长。朝鲜农民认为，在核桃树周围整齐地种植着大豆、辣椒、萝卜、马铃薯和甘薯会获得不错的收成，在树下还放牧着一些动物，也会生长健康。

在高加索地区，人们会把一些煮熟的胡桃叶加到儿童的洗澡水中来防止佝偻病，把干树叶放置在衣柜来驱赶昆虫。在伊朗，用核桃叶片提取物可以去除为害库存谷物和豆科植物的鞘翅目害虫；另外，用核桃叶片提取物可以去除羊绒衣服中的衣蛾和羊毛地毯中的害虫。

在中国，有些地方对核桃树也有神树之说。据说天庭为了拯救人类，玉帝派了4位将军下凡携手抗击恶魔，人类因此得到一种长寿果，即核桃。核桃仁凹凸不平是将军操劳的满脸皱纹。因此，云南过春节有祭拜核桃树的习俗。婚礼中箱角和被角都要放核桃，代表生子之意。

在中国，核桃果是公认的吉祥之物。核桃的"核"与"合"谐音，有阖家幸福、四季平安的象征。核桃又叫"胡桃"，"胡"与"福"谐音，有福禄、富裕的象征。因此将核桃制品摆放家中会给家人带来吉祥。早在1778年，乾隆皇帝就曾用核桃制品作为驱邪呈祥、保佑平安之物。1997年中央政府赠香港特别行政区的纪念品中就有核桃制作的珍品。

中国历史上有"锤吃核桃"之说。古代有钱的人家，老爷、太太或小姐，围着温暖的火炉，欢声笑语，旁有乖巧丫环，用二小铁锤敲打核桃，那声音清脆而富有节奏，直逗得人口内生津，红袖纤手，捧数粒果仁，举案齐眉，这是有钱人的清福。现在的老人若有逸致，闲来无事，轻锤果核，慢品果仁，既活动了筋骨、培养了耐性，又滋养了身体，其乐无穷。

"表里不一"是核桃的又一特点。世界上有很多事物是"金玉其外，败絮其中"，而核桃则相反，是"陋室藏金"。它虽没有美丽的外壳，却有可贵的种仁，成为儒家思想"不可貌相"的有力佐证。

在人才监管方面，也有借核桃驭人之说。用核桃"表里不一"暗示某人当面一套背后一套的意思。也有借助核桃非石砸锤敲不能开一样，警示某人须强力胁迫乃服的个性。

在现代，利用麻核桃、铁核桃、核桃楸等坚果制成各种把玩、饰品、雕刻、贴片、挂件等文玩工艺品，颇受消费者欢迎，为核桃的开发利用、增加农民收入、丰富市民生活，开辟出新的空间。

第二章
核桃生物学特性及宜昌表现

核桃生物学特性是对核桃树的形态、结构及功能的具体阐述，是核桃产业管理者和经营者必须认识和掌握的基础。本章节根据《核桃学》第136～145页相关内容整编。

第一节　核桃的植物学特性

一、根

核桃树的根颈以下部分称为根系，它在树体的生长发育过程中起着固定、支撑树体，吸收储存养分、分泌合成激素的作用，是树体的重要组成部分（图2-1）。

图2-1　核桃根

（一）核桃根系的类型

栽植的核桃嫁接苗木多采用实生下种育砧木嫁接繁育而成，其根系为实生根系，主要由主根、侧根和须根组成。

1. 主　根

主根是由种子胚根发育而成，起固定和支撑树杆、树冠的作用，是核桃树木地下部分水分和矿物质元素运输的总通道，其粗度、深度与树干的粗度和树高成正比。

2. 侧　根

在主根上产生的各级小分支称为侧根，是根系的骨干根。侧根可以增加根系的水平分布范围，是各区域水分和矿物质元素运输的主要通道，其分布范围与树冠成正比。

3. 须　根

从主根和侧根构成的根系骨架上萌生的细小的根称为须根，是根系中最活跃的部分，可促进根系向新土层延伸，同时吸收水分和养分，既是根系生长的部分，也是吸收功能的

主要部位。

4. 菌　根

核桃的菌根目前还没形成共识，也没有专门的培养和检测。但有学者指出核桃的菌根不是真正的根系，而是土壤中真菌和植物根的共生体。菌根与须根相互共生，分为外生菌根和丛枝菌根。菌根可以促进有益菌繁殖，分解矿质元素，促进根瘤形成，有固氮作用。吴楚等研究表明，菌根集中分布在 5～30cm 土层中，土壤含水量为 40%～50% 时，生长最好。

（二）根系的粗度与吸收

表 2-1　根系组成情况（王超）

粗度级别（mm）	数量（条）	所占比列
D<0.1	8.7±6.7	11.45
0.1≤D<0.3	17.1±6.6	22.53
0.3≤D<0.5	13.6±5.8	17.83
0.5≤D<1.0	16.12±8.0	21.21
1.0≤D<2.0	11.3±5.3	14.44
2.0≤D<5.0	7.6±4.3	9.95
5.0≤D<10.0	0.9±1.0	1.13
D≥10.0	0.9±0.6	1.13
合计	76.1±20.3	100.00

通常认为 D（根系粗度直径）<0.2mm 为吸收根，0.2mm≤D<2.0mm 为细长骨干根，D≥2.0mm 为骨干根。王超（2014）等对八年生早实核桃在间作条件下根系组成情况（表 2-1）的研究中发现，核桃根系在田间分布数量极多，每剖面平均根系数量约 76 条，主要由 D<2.0mm 的吸收根组成，约占 87.46%；细长骨干根和骨干根所占比例很小，其中细长骨干根约占 11.08%，而骨干根仅占 1.13%。

自然状态下，核桃的主根常会因顶端优势明显、生长过于旺盛而限制侧根的发育，尤其在幼树时期，会抑制核桃根系体系的扩大。因此，为了快速增大根系体积，增强根系的吸收和运输功能，育苗时常采取断根措施，促进侧根和须根的形成。土壤中的水分和养分主要是靠须根吸收的，因此在移植时，要求苗木上多带须根。

（三）核桃根系的分布

核桃为深根性树种，根系在垂直和水平方向上扩展范围较大，通常主根系分布在树体周围，侧根和须根向外扩展。一般在土层状况良好、水肥供应充足时，成年核桃树体的主根可达 6m 以上。但是在土壤瘠薄、干旱或地下水位过高时核桃根系分布的深度则会降低。同时，根系分布的深浅也影响其对土壤中水分和养分的利用程度，分布越深，利用程度越高，对地上部分的固着和支持能力越强。

表2-2　核桃根系的垂直分布（裴东）

深度（cm）	数量（条）	所占比列
10 < h ≤ 20	12.0 ± 9.6	15.23
20 < h ≤ 30	23.7 ± 5.5	30.09
30 < h ≤ 40	15.6 ± 11.8	19.76
40 < h ≤ 50	8.9 ± 3.7	11.24
50 < h ≤ 60	7.7 ± 3.5	9.79
60 < h ≤ 70	5.0 ± 3.2	6.65
70 < h ≤ 80	2.7 ± 2.5	3.44
h > 80	0.6 ± 1.0	0.73
合计	76.1 ± 20.3	100.00

　　从裴东专家团队对八年生早实核桃根系垂直分布情况的调查结果（表2-2）中可以看出，核桃根系在田间垂直方向上分布以 10～60cm 土壤层为主，约占剖面总数量的 86.1%，其中 20～40cm 土层中根的数量分布最多，接近 50%；10～20cm 土层中根的数量也较多，约占 15.23%；而 60cm 以下土壤中所分布根的数量极少，仅占 10.52%，根系数量随深度下降表现先升高后降低的规律。

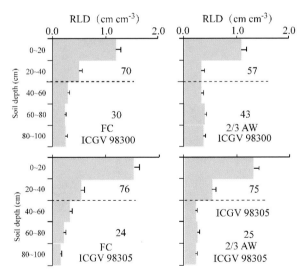

图2-2　核桃根系垂直分布分析图（吴楚）

　　从长江大学吴楚教授对核桃的根系垂直分布分析图（图2-2）中可以看出，核桃根系垂直分布在地下 0～40cm 的土层中占 70%，这与裴东专家团队所做的 0～40cm 的土层中占 65% 的结论相差不大。

　　在栽培中，往往在核桃园内间作其他农作物，为减轻相互之间对肥水的竞争强度，应选择核桃纯林，或者林间种植模式（减小栽植密度，增加林间空地），以保证0～40cm耕作土壤的充分利用。

核桃根系的水平分布范围较广，通常成年树体的根冠比（根幅直径/冠幅直径）为2左右。在吸收方面发挥主要作用的须根主要分布在树冠外沿的垂直投影内1～1.5m，以树冠投影的外沿处最多，在生产上施肥重点应该放在此处。

二、枝

核桃的枝是由胚芽发育而成，并在主枝上分化出侧枝、叶和花（图2-3）。核桃枝髓心中空，中间有隔膜。隔膜的疏密程度与枝条的生长速度有关，枝条生长速度快时髓心较大，隔膜较稀疏；生长速度慢时髓心中的隔膜较密。由于核桃枝条的髓心较大，被截断后水分散失速度很快，因此在修剪时应在芽的上端保留一段，防止芽体被抽干。

图2-3　核桃枝

（一）核桃枝的分类

（1）按照发育时间，核桃的枝条可分为一年生枝、二年生枝和多年生枝。

核桃树当年抽生的枝条称为一年生枝，上一年度抽生的枝条为二年生枝，其余年度抽生的枝条统称为多年生枝。枝条粗度随生长年限的增加而增粗。

核桃的一年生枝条按照发育供给的养分分为春梢和秋梢。春梢是指由上年树体储存养分供给萌发的新梢，又称原生梢。秋梢是指原生梢叶片光合作用产生的养分供给萌发的新梢，又称次生梢。生产实践表明，春梢上的芽成花（雌花）较难，质量好，座果率高；秋梢上的芽成花易，质量差，座果率低。生产应用中应培养春梢芽成花。山西等地以一年生枝梢上的盲节为界，将盲节的后段称为春梢，前段称为秋梢。这样的分法在宜昌并不适用，据观察，宜昌枝梢的盲节形成时间约在7月中旬，但不影响盲节在宜昌修剪的应用。

核桃的一年生枝条按照功能可以分为营养枝、结果母枝、结果枝、果台副梢和雄花枝。

营养枝（生长枝）：是指只着生叶芽和复叶的枝条，可分为发育枝和徒长枝两种。发育枝是由上年的叶芽萌发形成的健壮营养枝，顶芽为叶芽，萌发后只抽枝不结果。发育枝是形成骨干枝，扩大树冠，增加营养面积和形成结果母枝的主要枝类。徒长枝是由主干或多年生枝上的休眠芽（潜伏芽）萌发形成的，分枝角度小，生长直立，节间长，枝条当年生长量大，但不充实。生产应用中，对于徒长枝应加以控制，疏除或利用它转化为结果枝组，它也是核桃树赖以更新复壮的主要枝类。

结果母枝和结果枝：着生混合芽的枝条称为结果母枝，由混合芽萌发抽生的枝条顶端着生雌花的称为结果枝。晚实核桃的结果母枝仅顶芽及其以下 2～3 芽为混合芽，可年年结实。根据结果枝的长度又分为短结果枝（5～15cm）、中结果枝（16～30cm）、长结果枝（>30cm）。

果台副梢：在结果枝紧邻果柄部位萌发的新梢，基部一段约 3～15cm 光滑无芽。果实脱落后也可萌发果台副梢，它是核桃树进入生理生长的典型特征。果台副梢上的芽容易形成花芽，能开花结果，但保果率不高。果台副梢的叶生产养分供给果实生长，也能防治果实日灼受伤。

雄花枝：是指顶芽为叶芽，侧芽均为雄花芽的枝条。雄花枝多细弱，在树冠内膛及弱树、老树上雄花枝数量较多。

（2）按照枝条着生位置可分为主杆、中心杆、一级侧枝、二级侧枝、三级侧枝和枝组。

主杆：从地面根茎处至第一分枝处的茎干称为主杆。主杆越高则形成树冠越慢、结果越迟。

中心杆：在主杆以上的骨干枝称为中心杆，是各层主枝的着生处，也是结果枝组的着生处之一。

一级主枝：着生在中心杆上的骨杆枝称为一级主枝，是树冠的主要骨架，是运输养分扩大树冠的器官，树形大留一级主枝多，树形小留一级主枝少。

二级侧枝：着生在一级主枝上的枝条为二级侧枝，它是叶片着生和开花结果的主要部分，整形时尽量多留二级侧枝。

三级侧枝：从二级侧枝上抽生出的技条为三级侧枝，它是树冠骨架的重要组成部分，是运输养分扩大树冠的器官之一，是结果枝组的主要着生处。

枝组：从侧枝上抽生出的新技为枝组，也称结果枝组，指着生在各级骨干枝和辅养枝上，具备 2 个以上分枝的生长结果部位，包括营养枝和结果枝，是果树产量的主要基础。

（二）核桃枝的生长特点

据观察，核桃苗木茎的生长在胚芽伸出后，茎的生长时快时慢，通常在第 3 片复叶展开后开始第 1 次停止生长。此后，每长出一片复叶，枝生长停滞 4～5d，主杆生长缓慢时复叶长大。在第 1 个年生长周期中，茎秆以 7 月末至 8 月中旬生长最快，但出土较晚（5 月下旬以后出土）的苗木，6 月末茎部就停止生长，苗木质量显著降低。晚实核桃苗到第 3 年地上部分才开始连续加速生长，而早实核桃苗一般 1～2 年生地上部分生长量较大。同时，晚实核桃苗发生侧枝年龄也较晚，一般在 3 年生时开始分生侧枝。早实核桃发生分枝较早，1 年生时即可有 10% 左右植株产生侧枝。凡 1 年生产生分枝的早实核桃，2 年生时大多可开花结实，第 2 年分枝的，第 3 年多能开花结实。

核桃枝条的生长与树龄、营养状况、着生部位有关。生长期或生长结果期树上的健壮发育枝，年周期内可有两次生长（春梢和秋梢）。长势较弱的枝条，只有一次生长。二次生长现象随着年龄的增长而减弱。

核桃枝条顶端优势较强，一般萌芽力弱，成枝力强。核桃枝条的萌芽力随枝条开展角度有关，开张角度越小，萌芽力越弱，开张角度越大，萌芽力越强。核桃的萌芽力和成枝力因种群类和品种的不同而异，早实核桃萌芽力往往优于晚实核桃，但成枝力弱于晚实核桃。

核桃树的顶芽或剪口下的第一芽受激素影响，往往表现强势，在生产中可有效利用。核桃树背后枝（又称臂下枝、倒拉枝）生长势明显强于背上枝，是不同于其他树种的一个重要特性。在栽培中应注意控制或利用，以免扰乱树形，影响骨干枝的生长。

核桃树一年生枝特别是春梢，随木质化程度和营养积累程度，会形成高质量的混合芽或花芽，翌春萌生结果枝，易形成结果枝层。秋梢因木质化程度不够，会形成不完全花芽，萌生结果枝后座果率不高。

三、叶

叶是植物重要的营养器官之一，是植物进行光合作用、呼吸作用以及蒸腾作用的重要场所（图 2-4）。核桃叶为奇数羽状复叶，小叶数因不同核桃种群而异，核桃种群的小叶数为 5～9 片，一年生苗多为 9 片，结果枝多为 5～7 片，偶有 3 片。泡核桃种群的小叶数多为 9～11 片。通常情况下由复叶的顶部向基部小叶逐渐变小，但在泡核桃种群中还常存在顶生小叶退化的现象。

图 2-4　核桃叶片

复叶的数量与树龄和枝条类型有关。正常的一年生幼苗有16～22片复叶，结果初期以前，营养枝上复叶8～15片，结果枝上复叶5～12片。结果盛期以后，随着结果枝大量增加，果枝上的复叶数一般为5～6片，内膛细弱枝只有2～3片，而徒长枝和背下枝可多达18片以上。

复叶的多少对枝条和果实的发育关系很大。据观测，着双果的枝条要有5～6片以上的正常复叶，才能保证枝条和果实的发育，并连续结实。低于4片的，尤其是只有1～2片叶的果枝，难以形成混合芽并且果实发育不良。

复叶的质量跟树势和营养关系密切。据观测，树势强旺的叶片较大、叶壁厚实、色绿、蜡质有光泽、抗性强、落叶期较迟；树势衰弱的叶片较小、薄、色淡、抗性弱、落叶期较早。供给的营养元素齐全、合理的，叶片质量较好，供给的营养元素不全、不合理时，会出现某种或某些种的缺素反应，质量较差。

复叶的质量也跟毛细根有关。据观测，在土壤积水、偏冷、偏酸、透气不良、肥害等情况下，毛细根特别是菌根生长不良，会影响局部对应叶片的质量。

四、花

核桃的花为单性花，雌雄同株，异花授粉（图2-5、图2-6）。核桃雄花序为柔荑花序，长度8～12cm，部分品种有20～25cm。每花序着生130～150朵。从花序的基部至顶端，小花的雄蕊数越来越少。雄花花萼3～6浅裂，连生于苞片。雄蕊12～35枚，轮状着生于片状花托，花丝极短，花药黄色，长度为（844±44）μm、宽度为（549±41）μm。花药两室，平均包含900花粉粒，通常一个花序可产生花粉约180万粒以上，重量可达0.3～0.5g，但其中只有10%～35%的花粉具有生活力。

图2-5　核桃雌花

据观察核桃的花粉有圆形和椭圆形两种，两者的比例和花粉粒的大小因品种不同存在差异（王红霞等，2011），平均直径约为41μm，花粉粒外壁密被断刺状小突起；萌发孔约

图 2-6　核桃雄花

13～15 个，不均匀地分布于花粉粒的一侧，每个萌发孔有隆起的边缘，孔口有平滑的盖。

核桃的雌花单生或者 2～4 个，有时甚至 4 个以上呈穗状着生于结果枝的顶端。核桃雌花有绿色、红色或者紫色的总苞包裹在子房的外边，总苞密生细茸毛，萼片 4 裂，着生于总苞的上面。子房下位，一室，柱头羽状 2 裂，表面凹凸不平，盛花期时湿度较大，有利于花粉的附着和萌发。柱头长度约为 1 cm，浅黄色或者粉红色。

雌花初显露时幼小子房露出，二裂柱头抱合，此时无授粉受精能力。经 5～8d 子房逐渐膨大，羽毛状柱头开始向外侧张开，此时为始花期；当柱头呈倒八字形时，柱头正面突起且分泌物增多，为雌花盛花期，此时接受花粉能力最强，为授粉最佳时期；再经 3～5d 以后，柱头表面开始干涸，授粉效果较差，之后柱头逐渐枯萎，失去授粉能力。

早实核桃具有二次开花结实的特性，二次花着生在当年生枝顶部。花序有 3 种类型：第一种是雌花序，只着生雌花，花序较短，一般长为 10～15cm；第二种是雄花序，花序较长，一般长为 15～40cm 对树体生长不利，应及早去掉；第三种是雌雄混合花序，下半序为雌花，上半序为雄花，花序最长可达 45cm，一般易坐果。此外，早实核桃还常出现两性花：一种是雌花子房基部着生雄蕊 8 枚，能正常散粉，子房正常，但果实很小，早期脱落；另一种是在雄花雄蕊中间着生一发育不正常的子房，多数早期脱落。二次雌花多在一次花后 20～30d 时开放，如果坐果，坚果成熟期与一次果相同或稍晚，果实较小，用作种子能正常发芽。用二次果培育的苗木与一次果苗木无明显的差异。

五、果　实

核桃的果实分为青皮和坚果（种子）。

（一）青　皮

核桃的雌花授粉后 15d 合子开始分裂，经多次分裂形成鱼雷形胚后迅速分化出胚轴、胚根、子叶和胚芽。胚乳的发育先于合子分裂但在胚的发育过程中被吸收，所以在成熟的核桃果实中无胚乳。核桃的果实由青皮（外果皮、中果皮、内果皮）和种子（坚果）组成（图2-7）。种子部分包括胚根、胚轴、胚芽和子叶。吴国良等（2005）研究表明，核桃的外、中、内3层果皮结构的发育阶段可分为前后两个时期。外果皮由数层细胞组成，前期表皮细胞密布腺毛，后期发育出角质层和气孔构造。不同品种及果实不同部位间果点亦有差异。中果皮为果肉的大部分，细胞大，中间散生有多束维管束。前期3层果皮界限不明显，进入后期后维管束数目增加，类型增多且出现分叉。前期内果皮细胞小而透明，与中果皮界限不明显，后期则迅速木质化而形成硬壳，逐渐转化为坚硬的木质化石细胞层，其外的维管束组织高度发达呈网络状。肖玲（1998）认为由于核桃果实有苞片及花被参加发育，所以核桃的果实不是一种真正的核果，可称之为"拟核果"。

图2-7　核桃青果

（二）坚果（种子）

核桃果实成熟时，最外侧的总苞（青皮）由绿变黄、开裂，从中果皮的维管束处分离，内侧即为核桃的坚果（图2-8）。

图2-8　核桃坚果

核桃的坚果外侧为骨质化坚硬的核壳，主要在果实发育的硬核期形成，厚度 0.3～2mm 不等，主要成分为木质素和纤维素，在坚果生长、发育、成熟、漂洗、运输及储藏中，起着重要的作用。壳面具有沟状刻纹或点状刻窝，刻纹、刻窝的深浅和疏密程度及分布可作为识别品种的重要特征。硬壳可分为两半，中间的结合部分为缝合线，缝合线的宽窄和高低同样可以作为品种的识别特征。硬壳的内部为种仁，即核桃的可食用部分（图2-9）。种仁的外侧被一层较薄的种皮，颜色由浅黄色至深褐色不等，特殊品种种皮甚至为红色和紫色。种仁占坚果重量的百分比称为出仁率，是衡量坚果品质的重要指标，核桃出仁率一般在 40%～67% 之间，不同的品种之间差别较大。

图2-9　核桃仁（源于网络）

赵书岗（2011）在坚果硬壳结构的影响因子研究中发现：不同核桃品种间坚果硬壳结构指标均存在显著差异，泡核桃与普通核桃差异尤为显著；除个别品种外，不同产地核桃坚果硬壳密度及硬壳厚度存在显著差异；随着采收期延后，坚果硬壳缝合线紧密度逐渐下降，密度先上升后下降，机械强度呈上升趋势；树体阳面坚果硬壳密度显著小于阴面，机械强度显著大于阴面及内膛。品种、光照等是影响坚果硬壳结构的重要因素。同时，坚果硬壳的结构与种仁的商品品质间存在显著的相关性。核桃坚果硬壳结构与坚果品质及油脂的抗氧化能力存在显著的相关性，缝合线越紧密、硬壳越厚，漂洗污染率、贮藏虫果率和裂果率越低，种仁颜色越浅，贮藏后核桃油脂丙二醛含量越低，抗氧化能力越强，品质越好。而我国现行国家标准《核桃丰产与坚果品质》（GB7907－87）中规定：优级核桃坚果出仁率≥59%，壳厚≤1.1mm。中国选出的优质核桃品种硬壳普遍较薄，出仁率较高，但种仁颜色普遍较深，裂果率较高，在国际市场竞争中处于不利局面。

六、核桃的生长期

核桃树的寿命很长，在新疆、西藏和云南等地现存上千年的核桃大树，宜昌也现存上百年的大树约 67 株。依据核桃一生中树体的生长发育特征呈现出的显著变化，可以将其划分为 4 个年龄时期，即生长期、生长结果期、盛果期和衰老更新期。生产上可根据各个生长发育时期的特点，采取相应的栽培管理技术措施，调节其生长发育状况，达到栽培的目的。

1. 生长期

从苗木定植到开始开花结实以前称为生长期。这一时期的长短因核桃品种或类型的不同差异很大。一般晚实型实生核桃为 7～10 年，泡核桃为 10～15 年，两者的嫁接苗需要 3～6 年；而早实型核桃的生长期甚短，播种 2～3 年就可以开花结果，有的甚至在播种当年就能开花。生长期的特征是树体离心生长旺盛，树姿直立，一年中有 2～3 次生长，有时因停止生长较晚，越冬时易抽条。这时期在栽培管理上既要从整体上加强其营养生长，注意整形修剪使尽快形成牢固均衡的骨架，扩大树冠，又要对非骨干枝条加以控制，促使提早开花结实。

2. 生长结果期

从开始结果到大量结果以前，称为生长结果期。这一时期，树体生长旺盛枝条大量增加，随着结实量的增多，分枝角度逐渐开张，直至离心生长渐缓，树体基本稳定。晚实核桃在 7～20 年生，泡核桃在 12～24 年生，或更晚一些。研究表明早实核桃六年生以前的分枝数量大体按倍数增加，以后增长幅度逐渐减少，但结果枝绝对数量显著增加。此期栽培的主要任务在于加强综合管理，促进树体成形和增加果实产量；晚实型核桃树 15 年前冠幅增长快，属于营养生长的旺盛期；泡核桃在结果量逐年增长的同时，营养生长仍很旺盛，离心生长增强。

3. 盛果期

盛果期的主要特征是果实产量逐渐达到高峰并持续稳定。早实核桃 8～12 年生、晚实核桃 15～20 年生、泡核桃约 25 年生时开始进入盛果期。核桃和泡核桃树的盛果期可以持续很长时间。在栽植和管理条件较好时，一般可达几十年，上百年至更长。

研究人员对河南安阳、洛阳、新乡和卢氏 5 个地区的 630 株实生核桃树的调查表明 16 年生核桃树产量开始速增，40～90 年生达结果高峰期，60 年生以后进入高产稳产期。国家标准《核桃丰产与坚果品质》中晚实核桃丰产指标表明，不仅核桃，而且泡核桃的果实产量增长和稳产趋势也具有相似的变化趋势。早实核桃引入内地时间较短，尚缺数据，而在新疆的一些早实核桃原株，80～100 年生时仍能大量结实。盛果期树的主要特征是树冠和根系伸展都达到最大限度，并开始呈现内膛枝干枯、结果部位外移和明显的局部交替结果等现象，这一时期是核桃树一生中产生最大经济效益的时期。此时期栽培的主要任务是加强综合管理、保持树体健壮，防止结果部位过分外移，及时培养与更新结果枝组，更新部分衰弱的次级骨干枝，以维持高额而稳定的产量，延长盛果期年限。

4. 衰老更新期

该时期树体的主要特征是果实产量明显下降，骨干枝开始枯死，后部发生更新枝。本

时期的早晚与立地条件和栽培条件相关，晚实核桃和铁核桃从 80～100 年开始、早实核桃进人衰老更新期较早。初期表现为主枝末端和侧枝开始枯死，树冠体积缩小，内膛发生较多的徒长枝，出现向心更新，产量递减；后期则骨干枝发生大量更新枝，经过多次更新后，树势显著衰弱，产量也急剧下降，乃至失去经济栽培意义。这一时期栽培管理的主要任务是在加强土肥水管理和树体保护的基础上，有计划地进行骨干枝更新，形成新的树冠，恢复树势，以保持一定的产量并延长其经济寿命。核桃树衰老更新期开始的早晚与持续时间的长短因品种、立地条件和管理水平而相差甚多。

第二节　宜昌核桃生长发育与生态环境的关系

一、温　度

宜昌地跨东经 110°15′～112°04′、北纬 29°56′～31°34′之间，核桃栽培历史悠久，按功能区划中属于秦巴山区。根据范志远等编著的《鲁甸核桃种植资源》对中国核桃种植资源分布区划，宜昌属于中部分布区，是南北核桃产区的交融地带，核桃种既有北方品种，也有南方品种。

北方核桃种群属于喜温凉树种。优生区的年均温 9～13℃，极端最低温度为 –25℃，极端最高温度为 35℃，无霜期 150d 以上。北方核桃种群中存在早实和晚实两大类群，在适宜的温度范围内，不同品种对温度的变化存在差异，晚实类群的适应性更强些。

南方泡核桃种植区南方泡核桃的优生区对温度的要求是年均温 13～16℃，最冷月平均气温 4～10℃，极端最低气温为 –25℃以上，最高气温 38℃以下，无霜期 180d 以上，适合于湿热的亚热带气候。

低温：核桃树在休眠期，幼树在 –20℃条件下易出现冻害，成年树在低于 –26℃时，枝条、雄花芽及叶芽均易受冻害。展叶后温度降至 –4～ –2℃时，新梢受冻。花期和幼果期，气温降至 –1℃时则受冻减产。

高温：核桃树能适应较干燥的气候，但夏季高温超过 38～40℃时，常造成嫩枝、叶片焦枯，果实易受日灼伤害，核仁难以发育，常形成半仁甚至空壳。

宜昌年平均气温 16.9℃，极端最高温度 41.4℃（7月），极端最低温度 –9.8℃（1月）。年平均大于 10℃的活动积温 5200℃以上，持续天数达 250d，无霜期 250～300d。由此可见，在宜昌，无论南北方品种都可以良好生长，但北方早实核桃生长更好。虽然宜昌核桃不易受低温冻害，但有受高温灼伤的危险（图 2-10）。

二、光　照

核桃属喜光树种，日照时数与强度对核桃生长、花芽分化及开花结实有重要影响。光

图 2-10　高温灼伤的核桃果

照充足对核桃不仅能保障正常生长结果，而且能显著降低病虫害的发生、发展，对商品率的高低也产生重要影响。年生长期内日照时数要求达 2000h 以上，生长期（4～9 月）的日照时数在 1000h 以上。

宜昌多阴雨天气，日照时数偏低，年平均日照时数 1538～1883h，日照率 40%；但生长期（4～9 月）日照时数较高，接近 2000h，可以满足核桃树的生长；但部分溪流河谷，日照时数不足 1000h，不易栽培核桃。

三、水　分

核桃耐干燥的空气，而对土壤水分状况比较敏感，土壤过干或过湿均不利于核桃树生长、结实和坚果品质。

（一）降水量

从全国来看，年降水量在 250mm 以下的新疆干旱地区，发展核桃必须有良好的灌溉条件。在具备灌溉条件下，早实核桃优良品种的"早、优、丰"优势就能得到有效发挥。年降水量在 250～500mm 之间的半干旱地区，发展早实良种应具备有一定灌溉条件下，推广节水灌溉技术，或应用水土保持工程措施，同时提倡发展晚实品种或中晚实品种。降水量在 500～800mm 之间的半湿润温暖地区，应选择抗病性较强的中晚实品种或具有较强丰产性和适应性的晚实品种。宜昌属亚热带季风性湿润气候，四季分明，水热同季，年平均降水量 1215.6mm，应选择抗性强的核桃品种，在栽培中要特别注意排水。

（二）地下水位

核桃树系中生性偏湿树种，它要求良好的土壤水分条件，但不能忍耐地下水的浸泡。核桃园的地下水位应在地表 2m 以下，地下水位过高，核桃根系无法分布、存活，易出现腐烂症状（图2-11）。

图2-11 核桃根系腐烂

宜昌多雨，地下水位偏高，发展核桃应选择栽培在沥水的缓坡地上，要侧重培养浅根系，充分利用地表80cm以内的土层。

四、风

核桃是风媒花、借风力传播花粉，3～4级的和风（或称微风）能促进散粉，提高授粉、座果率。此外，和风可以降低过高的温度，调节蒸腾，促进树体内的疏导和根系吸收。在春季，和风能起到缓解霜冻辐射的威胁，但大风容易使嫩叶和雌雄花受害，影响授粉。

因此，要选择背风向阳、年大风次数较少特别是春季无大风的地方建核桃园。

五、土 壤

土壤是一切植物生长发育的基础，核桃树体高大，根系庞大，更需要深厚的土层以保证良好的生长发育。

在宜昌，核桃根系需要有深厚的土层（大于1m），土层过薄易形成"小老树"，或连年枯梢，不能形成产量。核桃对土壤质地的要求是结构疏松，保水透气性好，故适宜在沙壤土和壤土上种植。粘重板结的土壤或过于瘠薄的沙地均不利于核桃的生长发育。

核桃树在土壤pH值5.5～8.2的范围中，都能生长，最适宜在微酸性土壤及微碱性土壤中生长，即pH值范围为6.5～7.5。张志华等研究表明，土壤含盐量宜在0.25%以下，超过0.3%即对生长结实有影响，超过0.5%则出现死亡，氯酸盐比硫酸盐危害更大。

第三章
宜昌核桃品种选育

第一节　宜昌核桃品种选优

宜昌开展核桃良种选育工作较早。兴山县林科所从 1973 年开始连续 3 年在全县范围内初选优良单株 18 株，在县林科所建立了 5 亩核桃采穗圃，共收集了 22 个系号，在黄粮镇界牌垭村建核桃研究所，进行无性系和家系林对比试验，其中北斗 23 号（即兴核 7904 号）植株在 1979 年 11 月首届全国良种繁育及丰产栽培技术科研协作会议上被列为全国首批推广的 17 个核桃优良株系之一。

1999 年，由宜昌市政协科教兴市咨询服务中心、宜昌市林业科学研究所、宜昌市林业学会联合组成调查组，调查登记 105 株果大、壳薄、出仁率高的优良单株，历时 3 年，对坚果进行物理性状室内鉴定，对开花类型和丰产性状进行了调查，选出宜昌市核桃优良单株 13 个。

2000 年 2 月，宜昌市老科技工作者协会、宜昌市林业科学研究所引进云新系列（云杂 7914、云杂 8034、云杂 8064、云杂 85227、自交 1 号、自交 2 号、云杂 D30、云杂 4 号、漾濞大泡、华林大白壳）共 10 个南方品种（系）；2002 年，引进辽核 1 号、元丰、香玲、中林 5 号、鲁光、清香等共 8 个北方品种（系）；本地自选 201045、201041、909012 共 3 个优株无性系在五峰土家族自治县傅家堰乡大龙坪村及宜昌市林业科学研究所金银岗试验林场不同海拔生态区营建品种栽培对比试验园。

2003 年，三峡植物园承担市级项目"良种核桃嫁接技术规范的研究"（宜市科字 [2003] 49 号），开展了嫁接砧木选择、砧木密度试验、接穗优质芽的培育方法、芽接时间的探索、土壤含水量对嫁接成活率的影响等工作。2004 年 12 月通过宜昌市科技局组织的专家鉴定评审。

2007 年，三峡植物园承担市级项目"鄂西地区良种核桃选育研究"（宜科发 [2007] 20 号），研究各品种（系）物候期、保存率、分枝特性、早期开花能力、抗寒能力等。2009 年 4 月通过市科技局组织的专家鉴定评审，获省级科技成果（湖北省科学技术厅，EK090596）。

2009 年，三峡植物园承担中央财政林业科技推广项目"良种核桃及丰产栽培技术示范项目"（鄂林计资函 [2009] 19 号），建丰产示范林 600 亩，良种繁育圃 50 亩，采穗圃 40 亩，2012 年 11 月通过湖北省林业局组织的专家鉴定。

2011 年，长阳土家族自治县引进包括山核桃、黑核桃、文玩核桃在内的 12 个核桃品种。

2003 年 11 月，兴山县林业局申报的"兴山薄壳"核桃（鄂 S－SC－JR－031－1998）获得湖北省林木品种审定委员会品种审定；2013 年 5 月，兴山县林业局申报的"兴山琥珀"核桃（鄂 S – SV – JR – 001 – 2012）获得湖北省林木品种审定委员会品种审定；2014年 4 月，宜昌市林木种苗管理站、夷陵区林业局联合申报的"清香"（鄂 S – SV – JR – 006 – 2013）、兴山县林业局申报的"楚兴 1 号"（鄂 S – SV – JR – 003 – 2013）、"楚兴 2 号"（鄂 S – SC – JR – 004 – 2013）获得湖北省林木品种审定委员会品种审定；2016 年 6 月，秭归县林业局、三峡职业技术学院、宜昌市林木种苗管理站联合申报的"秭林 1 号"核桃（鄂 S – SV – JS – 007 – 2015）获得湖北省林木品种审定委员会品种审定（图 3-1 至图 3-6）。

图 3-1 "兴山薄壳"核桃

图 3-2 "兴山琥珀"核桃

图 3-3 "楚兴 1 号"核桃

图 3-4 "楚兴 2 号"核桃

图 3-5 "清香"核桃　　　　图 3-6 "秭林 1 号"核桃

2014 年 6 月，宜昌市林业局下发《关于开展核桃种质资源调查和优良品种选育的通知》；2014 年 7～8 月，由三峡植物园、大老岭管理局、市林木种苗管理站专家和青年骨干联合启动宜昌核桃种质资源调查及选优工作，在全市分两个组利用 1 个多月时间对远安、秭归、兴山、五峰、长阳、宜都、夷陵、点军进行了全覆盖核桃种质资源调查和选优工作，共调查登记乡土核桃优树 153 株，采集 103 株核桃坚果进行品质鉴定；2014 年 11 月 19 日，召开"宜昌市核桃选优坚果直观项目鉴评暨核桃产业发展研讨会"（图 3-7）；选取 20 株核桃单株坚果，送湖北省农业科学研究院由农业部设的食品质量监督检验测试中心（武汉）检测。

图 3-7 宜昌市核桃选择优坚果直观项目鉴评会现场

2015 年，结合全市林木种质资源调查，全市补选 5 株核桃初选优树，共采集到 83 株核桃坚果，按照国家林业局颁布的《核桃遗传资源调查编目技术规程》（试行）对采集到的核桃坚果进行果实特性检测，对 16 株各项指标优异者送农业部食品质量监督检验测试中心（武汉）进行脂肪、蛋白质检验。课题组根据检验结果，对照《核桃坚果质量分级标准》（GB/T20398－2006）判断宜昌核桃蛋白质含量较高（超国家特级和 I 级质量标准 31.5%），适宜作为核桃营养食品（核桃粉、核桃糕、核桃饮品、核桃仁等）加工资源进行产业化开发；宜昌核桃口感顺滑好、浓郁芳香，可包装坚果成礼盒。

2017 年 6 月 6～8 日，宜昌市林业局邀请国家首席核桃专家中国林科院研究员裴东、河北农业大学教授齐国辉、江苏省农科院园艺所研究员刘广勤、湖北霖煜农公司董事长孙红川以及湖北省林科院博士徐永杰、向珊珊等专家到宜昌为核桃产业发展会诊。6 月 9 日，宜昌市林业局党组书记、局长周京召开党组会议，决定依托市林木种苗管理站成立宜昌市核桃产业推进办公室。市种苗站根据指示精神，组建宜昌市核桃课题研究专班，精准编制《宜昌市核桃丰产栽培技术攻关及示范推广项目可研报告》，开展宜昌核桃丰产技术试验示范及攻关，在全市范围内分海拔、分气候建设 150 亩乡土核桃品种实验园，为宜昌乡土核桃选育提供种质资源储备。

2018 年底，宜昌市核桃丰产栽培技术攻关团队完成夷陵区小溪塔街道姜家湾基地和柏木坪基地的建设工作，共栽植 42 个核桃品种 2000 株苗木，其中栽植乡土核桃树种 21 个，引进外地品种 21 个。

第二节 宜昌核桃主栽品种

据统计，截至 2018 年年底，宜昌全市保有核桃达 70.35 万亩，成为规模仅次于柑橘种植面积的经济林。宜昌主栽品种包括辽核、云新、清香、秭林 1 号、中林、8518、琥珀等，授粉树种包括上宋、鲁光等，在此介绍部分主栽品种。

一、辽 核

辽宁省经济林研究所相关科研人员从 1980～2006 年先后用新疆纸皮核桃作母本，用河北昌黎大薄皮核桃作父本，杂交育成辽核系列核桃良种，从 1～10 号共 10 个品种。该系列品种适应性较强，丰产优质，可矮化密植，集约化栽培。

辽核 1 号本叫辽林 1 号，是辽宁省经济林研究所刘万生等于 1980 年用新疆纸皮核桃施肥试验早实单株作母本，用河北昌黎大薄皮晚实优株 10103 作父本杂交育成，1989 年通过国家林业部鉴定，成为全国推广的首批良种之一。已在辽宁、河北、河南、陕西、山西、北京、山东、湖北等地大面积栽培。辽核 1 号坚果中等大，平均单果重 11.1g，最大

13.7g，三径平均3.3cm，壳面较光滑美观，壳厚1.17mm，缝合线紧，可取整仁，出仁率55.4%，仁色浅，风味香，品质上等。

辽核1号核桃植株生长中庸，树姿开张，分枝角70°左右，树冠呈半圆形。侧芽形成混合芽达90%以上。一年生枝常呈灰褐色，粗壮，节间短，果枝短，属短枝型。芽肥大饱满，呈阔三角形或圆形，有时有芽座。复叶长35cm左右，小叶5～7片，顶叶较大。每雌花序着生2～3朵雌花，座果率60%以上，多双果或3果，属雄先型。

在宜昌栽植有辽核1号、3号、7号等品种，主要为辽核1号。由于受施肥等培管措施影响，大多有早衰的现象。受南方多阴雨的影响，抗病性较差，有逐渐淘汰的趋向。

二、云　新

云南省林业科学院选用中国南方著名的晚实良种漾濞泡核桃、三台核桃（*J. sigillata* Dode）与北方新疆早实核桃优株云林A7号（*J. regia* L.）进行种间杂交，选育出我国南方首批5个早实杂交核桃新品种，即云新高原、云新云林、云新301、云新303和云新306，分别于2004年和2010年通过云南省林木品种审定委员会的审定。这5个早实杂交核桃新品种具有早实、丰产、优质、适应性广等优良特性，综合性状优于国内外同类品种，解决了传统品种结实晚、效益慢的问题，打破了几百年来云南省产区单一发展晚实核桃品种的格局，表现出较好的推广应用前景，现已在云南、四川、贵州、广西、湖北、湖南等地推广。

云新高原是由云南省林业科学院于1979年以云南漾濞晚实泡核桃（*J. sigillata* Dode）和从新疆引进的早实核桃（*J. regia.* L）云林A7号为亲本进行种间杂交育成，1986～1990年进行无性系测定，1997年通过云南省科委组织的鉴定，2004年12月通过云南省林木品种审定委员会品种审定。

该品种树势强健，树冠紧凑，成枝力较强，为中果枝类型。复叶长45cm，小叶多为9片、呈椭圆状披针形。顶芽圆锥形，侧芽圆形或扁圆形，有芽距、芽柄，枝条绿褐色。侧花芽占51%，雌花序多着生2朵，座果率78%，雌先型。在宜昌地区，气温在16～20℃时萌发，视气温回升程度而定，有些年份为3月上旬发芽，有些年份为3月中旬。3月下旬雌花成熟，4月上旬幼果形成，8月下旬坚果成熟。坚果长扁圆形，三径平均为3.8cm左右，单果重13.4g，核仁重7.0g，出仁率52%。壳面刻纹较浅，缝合线中上部略突结合紧密，壳厚1.0mm。内褶壁退化，横隔膜纸质，可取整仁。鲜仁饱满、脆香、色浅，仁含油率7%左右。

该品种主要的特点是早实、丰产、优质、耐寒及树体较矮化，种实个大、壳薄、成熟早，早上市，鲜仁饱满、脆香，价格高，深受消费者的欢迎。缺点是在不当的立地条件下，干果有瘪仁的现象。

一年生嫁接苗定植后2～3年结果，8年进入盛果期，株产10～15kg。该品种成熟早，

早上市，是目前云南、湖北宜昌理想的鲜食及鲜仁加工品种。

三、清 香

日本清水直江从晚实核桃的实生群体中选出，1948 年定名。20 世纪 80 年代初由河北农业大学郗荣庭教授从日本引进。宜昌核桃苗木企业湖北东灵农业开发有限公司 1992 年 3 月和 2002 年 3 月从河北农业大学引入，分别在夷陵、长阳、五峰、兴山、秭归、远安、宜都等地开展栽培试验，2010 年获湖北省良种认定，2013 年获良种审定。

在宜昌地区，该品种树体中等大小，树姿半开张，幼树时生长较旺，结果后树势稳定。枝条粗壮，芽体充实。3 月 29 日至 4 月 5 日萌芽展叶；4 月 17 日至 4 月 23 日雄花盛期，花期持续 3~6d；4 月 29 日至 5 月 3 日雌花盛期，花期持续 4~7d。属雄先型，雌雄花开花期间隔 3~11d。5 月下旬至 6 月底为果实速生期，7 月上中旬为硬核期，8 月下旬至 9 月中旬为果实成熟期，9 月中旬为果实采收期。11 月中下旬开始落叶。结果枝率 72.2%，双果率 66.6%。

栽后第 4 年开始挂果，7 年后进入丰产期。坚果较大，坚果重 13.2~16.4g，近圆锥形，大小均匀，壳皮光滑淡褐色，外形美观，缝合线紧密。种仁含色浅黄，浓香酥脆、涩味极淡，风味极佳。清香花期较晚，避开晚霜危害，提高座果率。抗病能力强，抗干旱、干热风的抵御能力较强。

四、秭林 1 号

秭林 1 号核桃品种是秭归县林业局 2000 年从云南省林科院引进的云新高原品种栽培中所发现的大果型芽变优株选育而成。秭归县林业局和湖北三峡职业技术学院 2003 年开展联合选育工作，2011 年经湖北省林木品种审定委员会认定为良种，2015 年审定为良种，编号为鄂 S－SV－JS－007－2015。

秭林 1 号在鄂西南核桃产区 3 月上旬芽萌发，中旬抽梢，很快进入速生期。4 月中下旬雌花成熟开放，4 月下旬雄花盛开散粉，雌先型。自 4 月中下旬开始开花，9 月中下旬果实成熟，约 150~160d。11 月下旬落叶。

秭林 1 号树势强健、树冠紧凑、分枝力强，多为中果枝结果，雌先型；复叶多 9 片，小叶呈椭圆状披针形；顶芽圆锥形，主、侧芽芽鳞被白色绒毛、侧芽圆球形或扁圆球形，主、副芽紧贴；果实青皮黄绿色，表面有白色线点及黄色细绒毛；坚果较大、长扁圆球形、缝合线中上部略隆起、表面刻点大而浅、缝合线结合紧密。

秭林 1 号中短果枝结果，侧芽成花率为 53.2%，座果率为 81.5%。接 2 果以上的为 54.8%。坚果三径均值 4.2cm，重 19.5~20.5g，含油量 67.48%，出仁率 56.0%，壳厚 1.0mm，可取整仁；核仁饱满、黄白色、风味香甜、无涩味，含粗脂肪 53.9%、粗蛋白 20.27%。

稀林 1 号早实性结果，树势开张，薄壳核桃、坚果大、蛋白质含量高、抗性强、产量高，适合鄂西地区海拔 400～1200m 区域推广栽培。

五、中　林

在宜昌栽培的中林系列有中林 1 号、中林 3 号。

中林 1 号：中国林业科学研究院奚声珂等用山西汾阳串子核桃（晚实）作母本，用祁县涧 973 核桃（早实）作父本杂交育成。"七五"期间参加全国早实核桃品种区试验，1989 年通过林业部鉴定。现在河南、山西、陕西、四川、湖北等地栽培。宜昌在林业工程造林中从河南、山西采购苗木栽培。该品种坚果中等大，圆形，平均单果重 10.45g，最大 13.1g，三径平均 3.38cm，壳面较光滑，壳厚 11mm，缝合线微凸，结合紧密，可取整仁，出仁率 57.4%，仁色浅，风味香，品质上等。该品种植株生长势强，树姿较开张，分枝角 65°左右，树冠自然圆头形。10 年生母树树高已达 7m，生长快，分枝力强，侧芽形成混合芽率为 90% 以上。叶质厚，深绿色，光合能力较强。雌花序着生 2 朵雌花，座果率 50%～60%，以双果、单果为主，中短果核结果为主。属雌先型，中实品种。较抗寒、耐旱、抗病性差，水肥不足易落果，花期遇雨易感褐斑病。适宜中山区域矮化栽培。

中林 3 号：来中国林业科学研究院奚声珂等用山西汾阳穗状核桃（晚实）作母本，用祁县涧 9-9-15 核桃（早实）作父本杂交育成。坚果中等大，长圆形，平均单果重 11.93g，最大 14.5g，三径平均 3.48cm，壳面较光滑，壳厚 1.34mm，缝合线紧，可取整仁，出仁率 54.4%，仁色中，风味香，品质中上等。该品种植株生长势强，树姿较直，分枝角 60°左右。分枝力较强，侧花芽率 50% 以上，枝条成熟后呈褐色，粗壮。叶片大，叶质厚，深绿色，光合能力强，幼树 2～3 年开始结果。属雌先型，中实品种。抗寒、耐旱，抗病性较强，丰产，品质优良，适宜中山区矮化栽培。

第四章
核桃苗木繁育

第一节　苗圃建设

一、苗圃地选择

苗圃地应选择在交通方便、地势平坦、土壤肥沃、土层深厚（1.0m以上）、土质疏松、背风向阳、排灌方便的地方（图4-1）。切忌选用抛荒地、盐碱地（含量0.25%以上）以及地下水位在地表1.0m以内的地块作苗圃。重茬会造成必需元素的缺乏和有害毒素的积累，使苗木产量和质量下降。因此，不宜在同一块地上连年培育核桃苗木。土壤以沙壤土和轻黏壤土为宜，因其理化性质好，适于土壤微生物的活动，对种子的发芽、幼苗的生长有利，起苗省工，伤根少。苗圃地海拔在600m以内较适宜，过高春梢生长慢，秋梢生长快，因气温下降较快，秋梢木质化程度不高栽植时易发生冻害枯萎。

图4-1　苗圃地

二、苗圃地规划

苗圃要根据育苗的性质和任务，结合当地的气象、地形、土壤等资料进行全面规划，一般应包括采穗圃和繁殖区两部分。

三、圃地整理

苗圃地的整理是苗木生产过程中一项重要的技术措施，通过整地可增加土壤的通气透水性，并有蓄水保墒、翻埋杂草、混拌肥料及消灭病虫害等作用。整地的主要内容包括深耕、作畦和土壤消毒等工作（图4-2）。深耕有利于幼苗根系的生长，深度要因时因地制宜。秋耕宜深（20～25cm），春耕宜浅（15～20cm）；宜昌多雨翻耕宜浅；移栽苗宜深（25～30cm），播种苗可浅。

图 4-2　苗圃整地

（一）整地时间

在宜昌，春秋整地均可。生产实践表明，秋季整地比春季整地要好；因秋季整地，气温和地温都较高，翻耕混入土中的有机植物和同步撒施的农家肥可充分腐殖化，有利于土壤吸肥保肥，为核果根系吸收奠定基础。春季整地有气温上升较快，劳作紧张，以及气温变化较大、地温较低等缺陷。

（二）施肥消毒

翻耕整地时撒施 2500～3000kg/亩腐熟的农家肥，做到深翻改土、耙细整平、清除草根和石块。结合土壤翻耕进行消毒，消灭土壤中的病原菌和害虫，创造良好的育苗环境。可撒施生石灰 50kg/亩，即可起到杀菌消毒的作用，也可改良土壤酸碱度；也可用秋兰姆、毒死蜱颗粒（紫丹）、福尔马林、辛硫磷等制作毒土均匀撒于床面，然后耙入表土。

（三）坐　床

核桃育苗可采用高床或低床的方式。宜昌多雨，宜采用高床（垄作）。在整理好的土地上坐床，床面宽 1.2～1.5m，步道宽 30cm，床面高于步道 15～30cm，其长度依地形而定。坐床耙平时可按 50kg/亩撒施复合肥，有利壮苗。

第二节　砧木育苗

利用种子繁育而成的苗木称为实生苗，常用作嫁接用砧木，也可作品种苗木直接栽植，在产业化、良种化上多作砧木使用。砧木培育有种子来源广泛、繁殖方法简便、繁殖系数高、适应性强等优点。

一、种子处理

(一) 种子采集

应选择生长健壮、无病虫害、坚果种仁饱满的壮龄树为采种母树。夹仁、小粒或厚皮的核桃，商品价值较低，但只要成熟度好，种仁饱满，即可作为砧木苗的种子。当坚果达到形态成熟（即青皮由绿变黄并出现裂缝），方可采收。此时的种子发育充实含水量少，易于贮存，成苗率也高。若采收过早，胚发育不完全，贮藏养分不足，晒干后种仁干瘪，发芽率低，即使发芽出苗，生活力弱，也难成壮苗。种子采收的方法有捡拾法和打落法两种，前者是随着坚果自然落地，每隔 2～3d 树下捡拾一次；后者是当树上果实青皮有 1/3 以上开裂时打落。一般种用核桃比商品核桃晚采收 3～5d。种用核桃不必漂洗，可直接将脱去青皮的坚果捡出晾晒。未脱青皮的喷雾乙烯利后堆沤 1～3d 即可脱去青皮。难以离皮的青果一般无种仁或成熟度太差，应剔除。脱去青皮的种子应薄薄地摊在通风干燥处晾晒（图4-3），不宜在水泥地面、石板、铁板上由日光直接暴晒，以免影响种子的生活力。种子阴干后进行粒选，剔除空粒、小粒及发育不正常的畸形果。

图4-3　阴干的核桃

用作砧木繁育的种子要结合当地生态条件及接穗的特点来选择，可选用核桃、铁核桃、麻核桃（文玩核桃）等品种作砧木，常用乡土核桃种繁育较好。核桃楸和野核桃不宜做砧木用，因嫁接繁育栽培后有"小脚"现象。

(二) 种子储藏

核桃种选好后要妥善贮藏。秋播的种子不需长时间储藏，晾晒也不必干透，一般采后 1 个多月即可播种，带青皮秋播效果也很好。而春播的种子需经过较长时间的贮藏。核桃种子贮藏时的含水量以 4%～8% 为宜。贮藏环境应注意保持低温（−5～10℃）、低湿

（空气相对湿度50%～60%）和适当通气，并注意防治鼠害。

核桃种子的贮藏主要是室内干藏法。即将干燥的种子装入袋、篓、囤、木箱、桶、缸等容器内，放在经过消毒的低温、干燥、通风的室内或地窖内。种子少且短期存放可吊在屋内，既可防鼠害，又利于通风散热。种子如需过夏，则需密封干藏，即将种子装入双层塑料袋内，并放入干燥剂密封，然后放入能制冷、调温、调湿和通风的种子库或贮藏室内。温度控制在 -5～5℃之间，相对湿度60%以下。

二、播 种

（一）播种时间

在宜昌地区，海拔400m以下区域春播应选择在3月中旬进行，此时土壤5cm深处的地温稳定在10℃左右，不会冻害。400～600米区域宜延迟到下旬进行。秋播最佳时间为10月中旬，此时低温较长时间维持在10℃左右，有利于种子适宜自然层积越冬而不受冻害。

（二）浸 种

播种前要对种子进行浸种（图4-4）。春播种子用清水浸泡催芽，用清水浸泡7～10d，每天换水一次，待大部分种子缝合线开裂时，再在室外晾晒2～4h即可播种。秋冬播种浸种3～4d即可播种。

图4-4 种子浸泡

（三）播种量

要育壮苗，每亩下种量不宜太大，在7000个左右为宜，可繁殖6000株左右的实生苗。

（四）播种方法

在高床或垄面上开沟点播，沟距 30～50cm，沟深 5～8cm，在播种沟内按株距 15～20cm 各摆放种子（图 4-5），最后覆土 5～10cm。种子摆放时种子的缝合线与地面垂直，种尖横向侧边。覆土春播宜浅，秋播宜深，并覆地膜保温保湿。

图 4-5　播种

三、播后管理

（一）排　灌

根据苗圃自然条件，采取喷灌、浇灌等方法进行。出苗期要控制灌溉，保持苗床湿润；苗木生长初期（特别是保苗阶段）采取少量多次办法；苗木速生期要采取多量少次办法；苗木生长后期控制灌溉，除特别干旱外，可不必灌溉。雨季要注意清沟排渍，降低圃地湿度，减少病害发生。

（二）补　苗

春播 20～30d 种子陆续破土出苗，40d 左右可基本出齐，此时应进行出苗情况检查，对缺苗地段应及时进行补播或带土补栽。

（三）断　根

核桃实生苗主根扎得较深，侧根较少，掘苗时主根极易折断，且苗木根系不发达，栽植成活率低，缓苗慢，生长势弱。因此，常于夏末秋初给砧木苗断根，以控制主根伸长，促进侧根生长。即用"断根铲"，在行间距苗木基部 20cm 处与地面呈 45°角斜插，用力猛蹬踏板，将主根切断。也可用长方形铁锨在苗木行间一侧，距砧木 20cm 处开沟，深 10～15cm，然后在沟底内侧用锨斜蹬将主根切断。

（四）追　肥

断根后应及时浇水、中耕和追肥。腐殖酸水溶性肥较好，即可补肥也可灌溉。5～6月可叶面喷肥1～2次，以增加营养积累，可用0.1%～0.3%磷酸二氢钾+0.1%～0.3%尿素叶面喷施。

（五）病虫害防控

核桃苗木的病害主要有细菌性黑斑病等，虫害主要有叶甲、叶蝉、金龟子、尺蠖等害虫，应注意防控。

第三节　嫁接育苗

目前，核桃苗木生产正在向品种良种化发展，优良品种接穗紧缺。加之核桃嫁接时对接穗质量要求很高，大量结果后的核桃树（尤其是早实核桃）很难长出优质的接穗。因此，与其他果树相比，建立核桃良种采穗圃，培育优质接穗，尤为重要。

一、采穗圃的建立

建立采穗圃可直接用优良品种（或品系）的嫁接苗，也可先栽砧木苗，然后嫁接，还可用幼龄核桃园高接换头而成。无论采用哪种方法，采穗圃均应建在地势平坦、背风向阳、土壤肥沃、有排灌条件、交通便利的地方。采穗圃要尽可能建在苗圃地内或附近，有利穗条和砧木在同一个气候条件下生长，可同步木质化，有利芽接成活。定植前必须细致整地，施足基肥，所用苗木要经过严格选择，确保品种要纯、无病虫害、来源可靠。按设计定植，定植后要整理相关表格和绘制定植位置图。采穗圃的株行距可稍小，一般株距2～4m，行距4～5m（图4-6）。

图4-6　采穗圃

二、采穗圃的管理

一般对采穗母树的树形要求不严，但由于优质接穗多生长在树冠上部，故树形多采用开心形、圆头形或自然形，树高控制在 1.5m 以内（图4-7）。修剪主要是调整树形，疏去过密枝、干枯枝、下垂枝、病虫枝和受伤枝。春季新梢长到 10～30cm 时对生长过强的要进行摘心，以促进分枝，增加接穗数量，还可以防止生长过粗而不便嫁接。另外还应抹去过密过弱的芽，以减少养分消耗。如有雄花应于膨大期前抹除。

图4-7　采穗圃母树

采穗圃要防止杂草丛生，适时中耕施肥。每年秋季要施基肥，春季要施春肥。秋季以有机肥为主，辅助复合肥；春季要以氮肥为主，辅助磷肥。要实时注意灌溉和排水，注意防虫和治病。

生长季采穗过多会因伤流量大、叶面积少而削弱树势，严重的会致树死亡，因此，不能过量采穗。特别是幼龄母树，采穗时要注意有利于树冠形成，保证树形完整，使采穗量逐年增加。一般定植第 2 年每株可采接穗 1～2 根，以后则要考虑树形适度增加采穗量。生长季每次采穗后要及时叶面补肥，落叶期采穗可结合冬季修剪同步进行。

采穗圃的病虫害防控非常重要，必须及时预防。由于每年大量采接穗，造成较多伤口，极易发生黑斑病、炭疽病、腐烂病等。采穗圃要在冬季落叶后和春季萌芽前各喷 1 次 5 波美度石硫合剂杀虫消毒，冬季树干刷白。生长期要积极喷药防虫治病。园内的枯枝残叶要及时清理干净。

三、接穗采集

芽接一般在晴天上午露水干后采集（图4-8），采后立即去掉复叶，留 1.0～1.5cm 的叶柄（图4-9）。芽接所用接穗，在生长季节随接随采或进行短期贮藏。但贮藏时间一般不超过 4～5d。贮藏时间越长，成活率越低。如就地嫁接，可随采随接；如异地嫁接，需要用湿布或塑料薄膜包严保湿，避免阳光照射，减少接穗水分散失，进行低温运输。枝接在落叶后采集，采后阴凉处置放3～7d后将穗条截成小段，蜡封低温贮藏。常在农历惊蛰节前后随采置放3～7d后腊封使用，即经济，又实用，且成活率较高，可减少冬季贮藏工作投入。

图4-8　接穗采集

图4-9　去掉复叶

四、嫁接方法

核桃是嫁接较难成活的树种，嫁接方法较多，一般采用春季枝接和夏季芽接。芽接多采用方块芽接，枝接的方法较多。

（一）方块芽接

1. 平　茬

芽接的接穗和砧木都要在半木质化程度下能更好提高成活率，砧木出苗的当年其粗度和木质化程度不够，故当年不能嫁接，需在次年平茬后进行。平茬在第2年土壤解冻后进行，平茬前要先浇水，平茬是指把实生苗在地面处或略高于地面处剪断（图4-10）。实生苗平茬后会萌发几个萌蘖，只保留一个生长健壮的生长，其他的萌蘖都要去净。当萌蘖长到10～15cm时及时除萌（图4-11）。一般除萌要进行两次，以第一次为主，第二次是对第一次没有去除干净的树苗的补充。两次除萌间隔时间最多1周，间隔期过长会消耗砧木树势。

图4-10　平茬

图4-11　除萌

2. 芽接时间

芽接在砧木与接穗生长旺盛期（5～6月）的连续晴天进行，温度在24～30℃时最好，不得超过32℃。

3. 穗条采集和贮藏

选择生长健壮、木质化程度较高、髓心小、芽体饱满、无病虫害、粗度1.0cm左右的春梢最佳。随采随接。

4. 砧木选择

芽接砧木选干径0.8～1.5cm左右的实生苗，木质化程度和穗条相近。

5. 取穗芽

用双刃嫁接刀以穗芽为中心，划破穗条皮层至木质部，切断韧皮部（图4-12），用拇指和食指按住穗芽轻轻扭动，取下穗芽（图4-13），检查穗芽眼内的护芽肉（生长点）是否带上，带有护芽肉的穗芽为合格的。当穗条木质化程度过高或过低都不能取下护芽肉（生长点），否则不能成活。

图4-12　切穗芽

图4-13　取穗芽

6. 切砧木

将砧木下端4～5个叶片去掉，用同一把双刃嫁接刀在砧木距地面10～15cm的光滑部位切掉相同大小的韧皮部（图4-14），在右侧下角撕掉宽0.3cm左右的皮层，作砧木放水沟，防伤流积水。

图4-14　切砧木

图4-15　镶穗芽

7. 镶穗芽

将穗芽取下镶到砧木开口处（图4-15），要求上、下、左3面对齐，芽片要镶到里面，不要将芽片盖到砧木外面，要注意在镶芽片和绑缚过程中不要将芽片在砧木上来回磨蹭，避免损伤形成层。生产实践证明，接穗芽与砧木4边对齐成活率高，3边对齐、上下对齐、上边对齐成活率依次减弱，下边对齐、左边对齐、3边都不对齐难成活。

8. 绑 缚

用塑料条绑缚（图4-16），要自下而上，用力要适中，不能用力太大，绑缚叶柄处时要注意力度，一定要使接芽的护芽肉部分贴到砧木上，但不要用力过大。绑缚时要注意避免绑住接芽。

图4-16　绑缚

图4-17　萌发

9. 接后管理

接后在砧木接口部位前段留2～4片复叶剪砧，可确保砧木营养循环和遮阴的作用，一周后减掉2片复叶。芽接后15～20d即可检查成活，对于未成活的砧苗，及时补接。对于接活的穗芽萌发到5～10cm时（图4-17），在穗芽前段2～3cm处剪掉砧木及复叶，同时去掉绑缚塑料条。注意在剪砧以后特别注意浇水，地面较干砧木容易发生灼烧现象，接芽容易抽干死掉，可根据具体情况连浇2～3次水。剪砧后要注意除萌蘖，但不能除净，留部分萌蘖生产养分既可供应苗木根系确保根系不受损，又可供应穗芽生长，不过应注意萌蘖的生长势不能强于穗芽萌发的生长势。嫁接成活的苗木要注意病虫害的防治，及时喷洒农药。

（二）枝　接

枝接的方法较多，同一种方法在不同的地方叫法也不一样，根据接触部位可分为皮接和切接（劈接）。皮接是指穗条接在砧木的韧皮部与木质部的夹层中，与树皮相连。切接（劈接）是指将穗条接在砧木中间，靠半边形成层对齐。

1. 接穗采集与处理

接穗质量直接关系到嫁接成活率的高低，应选择生长健壮，发育充实，髓心较小，无病虫害的结果枝，多用当年生春梢。采集时间在冬季核桃落叶后至次年春季萌芽前都可采集。冬季采集的要妥善贮藏，春季采集的穗条也需要在阴凉处留置 3～7d 后蜡封，在宜昌最佳时间为农历惊蛰节前后 3d。

对采集的穗条要蜡封贮藏。冬季穗条因含水量较高，采集后要置放于通风条件下阴干 1～2 周脱水，切记不得阳光直晒。春季采集的穗条因其自身所含水分较少，可少置放数天脱水。处理好的穗条要截成小段（最低有两个健壮芽）后封蜡（图 4-18）。

用白蜡（红蜡）＋黄蜡（少量）熬制蜡液。蜡液层的厚度要根据容器、穗条的粗度和长度来设计。当穗条较长，容器口较窄时应选择深度足够的容器熬蜡，其蜡液层要略长于穗条长度；当穗条较短容器口较宽时，其蜡液层应略厚于穗条粗度。要确保穗条竖放（横放）能全部浸入蜡液层中。蜡液温度不能过高，最佳维持在 90～110℃，高于 130℃ 会烫伤穗条，低于 90℃ 会封蜡不严密。穗条蜡封会起层脱水，特别是冬季采穗蜡封一定要严格。冬季封蜡后的枝条用塑料包裹置放在 -5～5℃ 的环境中储存待用，春季蜡封的穗条可不储存，直接用于嫁接。

图 4-18　穗条蜡封　　　　　　　　　　　图 4-19　锯砧

2. 砧木的选择和处理

用作枝接的砧木选择范围较广，一年生实生苗和百年大树都可作砧木，一般砧木年龄越小越容易成活。一年生实生苗枝接可于嫁接前 2～3d 平茬剪砧，留 20cm 左右；栽植 3 年及以上的树改接时应在嫁接前 1 周锯砧（图 4-19）。

根压的大小决定砧木枝接的高度。刚移栽的核桃树木也可作砧木，不过锯砧的高度不宜过高。根据砧木根系好坏和粗度选择适宜高度。当根系较好，砧木粗度 ≥3cm 时宜在 40～60cm 间锯砧；当根系较好，砧木粗度 <3cm 时宜在 10～40cm 间锯砧；当根系不好时不宜嫁接，这是因为刚移栽的树木断根后，根压下降精水上升幅度不够，嫁接部位过高不宜成活。栽植多年的树木根系完整，根压较大，嫁接部位要高，但太高又显得内膛空虚，所以需在嫁接前 1 周沿 80～100cm 锯砧，使精水溢出，减少根压对嫁接口部位的冲击。

多年生枝接时要留拉水枝，即在接穗部位的上方或下方留原生小枝，确保树体营养运输系统的完整性，有利于根系和接穗的活力。对主干过高嫁接部位需要低矮的砧木，枝接

后砧木部位萌蘖不能全部抹除，要用作拉水枝。

3. 嫁接时期

在宜昌枝接适宜时期以砧木萌动后到展一叶期为最好，即2月下旬至3月。实践证明，在农历惊蛰节后1周效果最佳。贮藏较好的穗条在4~5月枝接也可成活，8月下旬至9月也可进行（气温下降到枝梢不再萌发时）。就气温来说，在18~25℃间嫁接，在20~30℃愈合最佳，气温过低或过高都影响成活率。

4. 嫁接方法

嫁接是将穗条和砧木分别处理后接在一起，绑缚使其愈合的过程。在此介绍两种枝接方法，即皮接和切接（劈接）。

（1）皮　接

第一步：削砧木。皮接时要将砧木截面重新削一次，成斜面10°~30°（图4-20），在低斜面断最低点撕开1cm左右的树皮带，用作放水沟（图4-21）。在高斜面端用嫁接刀沿树皮和木质部的交界处纵向下切，以形成4~6cm切口，要求切口面光滑平整无毛，皮层不掉。

图4-20　削砧木　　　　　　　　　　图4-21　放水沟

第二步：削接穗。选用1~2个的穗条枝段，选择光滑直线型的一面作长削面，先将长削面的反面削成45°角的短削面，再将长削面削掉皮层4~6cm长（图4-22），露出木质部、韧皮部、接穗树皮白、黄、青3种颜色，且削面平整无毛。

第三步：镶嵌。将削好的接穗的长削面与砧木的切口相连，韧皮部与砧木切口半边的韧皮部对齐，即接穗和砧木的半边形成层对齐。将砧木皮层包住接穗短削面，完成接穗与砧木的镶嵌工作（图4-23）。

图4-22　削接穗

图4-23　镶嵌

第四步：绑缚。用塑料条绑缚（图4-24），要自下而上缠绕，用力要适中，绑缚时要确保已对齐的接穗不能挪动，要确保削面和切口间亲密无缝。接穗的穗芽最好露1～2个芽在绑带外。

第五步：套袋。用硬塑料袋套住接穗，绑在砧木上，防雨水，可提高成活率。

图4-24　绑缚

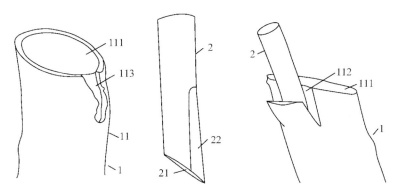

图4-25　皮接示意图

（2）切接（劈接）

第一步：削砧木。切接（劈接）时要将砧木截面重新削一次，成平面，用嫁接刀沿木质部的中心或1/3处纵向下切（劈），以形成4～6cm切口，要求切口面光滑平整无毛。

第二步：削接穗。选用1～2个芽的穗条枝段，将穗芽的下端削成楔形，不要伤到穗芽。要求各削面光滑无毛。

第三部：插接穗。将削好的接穗插入砧木切口，使半边的韧皮部对齐，即接穗和砧木的半边形成层对齐。

第四步：绑缚。用塑料条绑缚，要自下而上缠绕，用力要适中，绑缚时要确保已对齐的接穗不能挪动，要将砧木横断面全部包扎，接穗的穗芽最好露1～2个芽在绑带外。

第五步：套袋。用硬塑料袋套住接穗，绑在砧木上，防雨水，可提高成活率。

5. 嫁接后管理

嫁接后管理要做好5件工作。一是检查成活：嫁接后3h可检查绑缚塑料膜中是否有汽水，如没有说明没绑好，可立即重接。2周时可检查愈合情况，通过观察蜡层融化，芽体萌发的迹象来判断。45d可检查成活率，当接穗新梢长到20cm以上时基本可判定嫁接成功。二是防高温：实践检测，枝接套袋后，袋内外温度相差6℃左右，所以当气温高于22℃时，要去掉套袋，防止高温闷芽致死。三是控制生长势：枝接后接穗和砧木萌蘖都在生长，不能抹除萌蘖，但要控制生长势，不能强于接穗，防止因萌蘖强势抽空养分致接穗死亡。在接穗长到30cm时可摘心促进分枝。四是防折：要对接穗绑杆防风折，用红带绑杆可防鸟雀（图4-26）。绑杆时不能用力拉动接穗，防止人为拉劈接穗致死。五是防病虫和除草：及时防治病虫害，除草。结合病虫防治喷雾可叶面追肥，秋季施基肥。

图4-26　接穗绑红带

（三）其他嫁接方法

上述的两种方法主要为田间嫁接技术，还有胚根嫁接和实验室内的温床嫁接、子苗嫁接以及微枝嫁接等一些嫁接技术，在此仅简单介绍大田可用的胚根嫁接。

胚根嫁接是用核果种子萌发的胚根和鲜嫩的接穗进行切接（劈接）的一种方法。即3月催种育砧木，在4月下旬至5月上旬将其砧木根茎部位平剪，采集半木质化穗条，将粗细与砧木接口部位相似的穗条削成楔形，纵切开砧木中心，插进穗条绑缚。此方法优点是砧木接口部位幼嫩，愈合度高，缺点是匹配的穗条不易挑选。

第四节　营养钵育苗

营养钵（又称育苗钵、育苗杯、育秧盆、营养杯），其质地多为塑料制作，黑色塑料营养钵较为常用（图4-27），具有白天吸热、夜晚保湿护根、保肥、干旱保水作用。营养钵育苗是相对于苗圃地育苗而出现的一种容器育苗方法，即搭建大棚提前播种培育砧木苗，利用贮藏的接穗在当年早春嫁接成活，缩短苗木出圃时间。

图4-27　营养钵育苗

一、搭建温棚

营养钵育苗需要搭建大棚，安装通风和喷雾设备，起到保温和遮光的作用。

二、种子处理

营养钵育苗必须对种子进行处理，和繁育核桃实生苗一样，对种子进行浸种催芽和贮藏。一般在种子采收后立即进行。

三、容器育苗

容器育苗不同于常规田间直接播种育苗，它是将处理后的种子播种在装有营养土的容器内，再通过外设大棚的保温、遮光等作用加快苗木生长速度和生长质量，从而达到育苗要求而采取的一项非常规育苗措施。

（一）配制营养基质

常用基质：用草炭土60% +珍珠岩20% +过磷酸钙2% +黄土6% +稻壳10% +其他2% 的比列配齐搅拌均匀，喷洒5% 的高锰酸钾溶液消毒，使含水率不超过35%。然后放入搅拌筛分机内，将基质充分搅拌均匀，并将较大的颗粒筛出。有的也用40% 表层土 +40% 草炭土 +15% 细沙 +5% 有机肥，拌匀后消毒。

（二）装袋播种

营养钵一般选择无纺布制作的营养容器，也可用塑料膜制作。其规格一般满足上口径20cm、下口径20cm、高30cm，有底无盖呈杯形即可，也可根据出圃苗的大小自行制作营养钵。采用无纺布袋作营养钵优点是其透水，透气性能较好，底部无打洞，保存好的还可以二次利用，缺点是成本较高。塑料膜制作的优点是造价低廉，缺点是透气性能较差、不可再利用。

营养土和营养钵都准备好后，把营养土装填至营养钵口2～3cm处，然后把处理好的核桃种子（选择无霉烂破壳或刚露胚芽的种子）播种到装好营养土的容器内，注意种子要平放，种子裂缝与容器高相垂直，胚芽朝上，胚根朝下，要求覆盖种子的营养土厚度不低于种子的2～3倍。

（三）装床育砧木苗

在温棚内选择平坦地面进行整地坐床，要求宽1.0m，两边留有步道，苗床上铺2层地膜，将装袋播种的营养钵依次平放在苗床上育苗，注意适时喷雾浇灌和排涝。

（四）砧木苗管理

在种子萌发的初始阶段要经常喷淋以保持土壤湿度、空气湿度、室内温度。幼苗刚露尖时继续保持湿度，同时注意通风遮阳以免高温灼伤幼苗。在小苗进入速生期时要加以追肥，每隔10～15d施1次含氮量较高的复合肥，3～4次即可，苗木生长后期再喷1～2次磷酸二氢钾。

幼苗在大棚内生长38～45d后，移入其他拱棚，不再洒水，改为灌溉保证营养钵的湿度，炼苗时间为20d。在炼苗过程中要注意保持温度在15℃以上。

（五）嫁接及培管

利用贮藏的接穗在温棚内嫁接、培育、炼苗，注意保持适度和温度，不得有高温伤苗和病虫危害的现象。大棚内苗木生长快，对砧木的萌蘖不可全摸掉，要适度保留，控制生长势，有利于穗条新梢生长。穗条新梢长到30cm以上时可摘心，促进苗木苗期分枝。摘心后分生的枝梢不要再摘心。此时应打开棚顶，适度炼苗促进枝梢木质化。

第五章

核桃园建园

营建核桃园应根据农村产业化结构调整的需要，充分合理地利用农村的土地资源，集中连片营建核桃园，实行科学管理，集约经营，以获取最大的经济效益。因此，在营建核桃园之前有必要进行规划设计。

核桃园的规划设计是一项综合性工作，要充分考虑和研究当地的山（地）、水、林、田、路等方面的特点，了解当地的社会经济状况，农业林业的生产发展水平，并根据核桃树的生长发育特性，选择适宜的栽培方式和配套的优良品种，通过规划设计加以体现和实施。

第一节　核桃园地的选择

一、园地调查

在核桃园规划之前，应了解园地概貌及基本情况，进行园地勘测调查。

（一）基本情况踏查

调查了解种植园地的年均温、积温、无霜期、年降水量及分布等气候条件；了解种植园地的土层厚度、土壤质地、pH 值、有机质含量、氮、磷、钾及微量元素含量等土壤条件（图5-1），以及园地以前所生长的树种及作物；调查了解种植园地的水源情况、水利设施、灌溉条件等。

图 5-1　土壤调查

（二）园地勘测

通过调查，标明园地的地界四邻、地形地貌、河流沟渠、道路，山地还应标出等高线

等。测量园地面积，绘制成平面图。

（三）规划设计

无论平地或山地建园，测完地形、面积、等高线以后，按核桃园规划的要求，根据园地的实际情况对作业区、防护林、道路、排灌系统、建筑用地、品种的选择与配置等进行规划，并按比例绘制核桃园平面规划设计图。编制核桃园规划设计说明书，主要内容包括：建园目的及任务；规划设计的具体要求；作业区、防护林、排灌及道路系统，土壤改良，株行距、品种配置、栽培方式、建园进度及栽后管理等。

二、园地选择

核桃园地应选土层深厚、土壤肥沃、背风向阳及排水良好的平地或缓坡地（坡度＜25°）（图5-2），不能选山梁、山脊、山谷等。土壤质地以保水、透气良好、pH值为6.5～7.5的壤土和沙壤土较为适宜。土壤粘重、土层过薄或地下水位较高均不利于核桃根系和地上部的生长发育。对规模发展产业化程度高的核桃园选择，还要考虑交通便利、水源充足、环境污染等因素。

图5-2　园地选择

三、园地整理

（一）翻　耕

对荒芜多年的田地要深翻耕（图5-3），深度不低于60cm，至少要在栽植前3个月进行。熟种的田地可不用翻耕，清除地面杂草、秸秆等杂物即可。

图 5-3　园地翻耕

（二）土壤改良

结合土壤翻耕，可将有机肥撒于田中，增加土壤有机质含量，有利提高土壤肥力和透气性。翻耕后也可种豆类或绿肥进一步改良。

（三）开沟排渍

核桃树耐旱不喜湿，忌地下水位过高，否则根系生长发育就会受到影响，因此要高度重视核桃园的排水问题，做好开沟排渍工作（图5-4）。要充分利用园地的地势、地形和地情，优化围沟、干沟、支沟等排水沟设计，做到排水及时、通畅，确保土壤不积水。

图 5-4　开沟排渍

第二节　品种的选择与配置

一、栽培模式

（一）间作栽培模式

这是中国目前栽培核桃的主要形式。根据栽培核桃树的密度和空间大小进行林间种植，使核桃树与农作物、蔬菜花卉、牧草、中草药、林果苗木等间作（图5-5），特点是行距较大，一般核桃树的行距为10～15m，可进行较长时间的林间种植，晚实核桃品种最适宜此种模式。

图5-5　间作栽培模式

（二）园林栽培模式

园林栽培模式即成片栽植的核桃园，密度较大，株行距较小（图5-6），在幼龄阶段能林间种植2～3年。这是近年来新发展起来的早实密植丰产栽培模式，比较适用于早实核桃品种。其行距较小，一般只有4～5m。

图 5-6　园林栽培模式

二、栽培品种

（一）选用优良品种

林以种为本，种以质为先。品种适宜性决定培管成本和经济效益，品种选择必须考虑海拔、纬度、降雨量等环境因素，因地制宜，适地适树，乡土核桃良种的运用可极大地提升核桃园的抗病虫害能力，降低管理难度。早实核桃多适宜密植；晚实核桃多适宜间作模式栽培。无论是哪个种群，一定要选用经国家和省级审定推广的品种，特别是那些经过多年栽培实践表现较好的品种。

（二）授粉品种的配置

核桃树虽然是雌雄同株，但由于是单性花，雌雄花不同时成熟，属于异花授粉植物。因此，在建园时需选择与其栽培目标和栽培模式相匹配的主栽品种和与其互相授粉的配套授粉品种。一个核桃园应做到"一园一品"（图5-7），只栽一个主栽品种、有利于统一管理和收获统一的产品。主栽品种与授粉品种的配置比例可按8:1到4:1的带间或行间配置，原则上主栽与授粉品种之间的最大距离不得大于100m。

图 5-7　一园一品

三、栽培苗木

（一）选择正规苗木供应商

苗木市场供应商较多，苗木价格高低不一，不能只侧重苗木价格，还要考察供应商生产经营许可证、苗木良种证、采穗档案等要素，选择正规苗木供应商。

（二）选择合格苗木

一是要选择真嫁接苗（用春梢做接穗），要杜绝刻伤苗（用刀刻伤苗木后形成的假嫁接痕迹）、自接苗（采用同品种的穗条或自身梢段作接穗嫁接的苗木）、野砧苗（用野核桃种子繁育作砧木嫁接的苗木）。采购苗木最好在落叶前到实地查看，可根据叶片、茎秆、芽等认定苗木类型。二是要选择壮苗，表现为根茎粗壮、嫁接口愈合良好、长势健壮、根系完整（主根、侧根、须根齐全且在 20cm 以上）。三是要选择健康苗，根、茎、芽无检疫性病虫害和明显的病虫危害，茎秆通直，无畸形病斑、肿瘤等。

第三节　核桃树的栽植及管理

一、栽植时间

核桃是落叶果树，休眠期均可栽植，即 11 月中旬至次年 2 月底。宜昌区域气候春季时间较短，春栽时地温较低，根系受伤恢复迟缓，活力不足。但是气温上升较快，茎秆芽体先利用苗木自身储存养分萌发，先于根系而活动，会造成苗木"假活"现象，不利于成活。冬季栽植苗木落叶后，气温和地温基本持平，此时栽植根系有较长时间的适应性和恢复期，活力会随地温而变化，先于茎秆芽体而活动，有利于成活。实践证明，早冬栽植成活率高，即11中下旬至12月中旬。

二、栽植密度

（一）根据品种特性而定

对树势中庸、中短结果枝较多的品种多采用密植，密度多在30～33株/亩，株行距为（4～4.5）×5m或4×（5～5.5）m，对于树势强盛、中长结果枝较多的品种多采用稀植，密度为10～22株/亩（株行距为5×6m或8×8m）（图5-8）。

图5-8　定植好的核桃标准园

（二）根据栽培水平而定

对以核桃为主的果园可适度密植，对林粮间作粗放式管理的可适度稀植，对精细化管理的可适度密植，相反则稀植。

三、苗木处理

（一）吸　水

苗木栽前将根部在水中浸泡4～6h，确保苗木吸水充分，毛细根湿润。

（二）根系处理

剪去过长的根，剪平根系前端，减掉伤病根、畸形根（图5-9）。

图5-9　根系处理

（三）杀菌消毒

可结合吸水同步进行，将生根粉、杀菌剂化入水中，浸泡杀菌消毒（图5-10）。

图5-10　苗木杀菌消毒

（四）分　级

按苗木高矮、粗壮、根系等分级（图5-11），同一级别的苗木栽植在一起，便于管理。

图5-11　核桃苗木分级处理

四、栽植技术

（一）挖　穴

在整理好的田地中，浅挖树穴（图5-12），深20～30cm，宽度略大于根系的长度。挖穴可采用"口"形或"△"形配置。山地多采用"口"形配置，横顺势（山势走向）竖笔直，有利通风和采光。

图5-12　破土挖穴

（二）栽　植

苗木栽植必须做到"挏、埋、提、覆"4个字。"挏"就是将处理好的苗木根系分层挏直，不要相互缠绕。"埋"就是用细表土将根系分层掩埋压实，根层间均有细土隔离，根系舒展。"提"就是根系分层压实后将苗轻轻上提，确保根系与土壤的亲密接触。"覆"

就是覆盖一层细土，进一步压实根系（图5-13）。

图5-13　苗木栽植

（三）浇定根水

苗木覆土后，一定要浇定根水（图5-14），一次性浇足，通过水流将根系和土壤压实紧密接触，确保土壤湿润，提高成活率。

图5-14　浇定根水

（四）培土垄包

浇定根水后，在其上再培土呈乳包形状（图5-15），既能增加土壤重力，确保树形周正抗倒伏，又能减少水分蒸发，保持土壤湿润。

图 5-15 培土垄包

（五）覆 膜

在树盘乳包形土壤上覆盖薄膜，四周压实（图 5-16），保温保湿，提高成活。

图 5-16 覆膜

五、栽植管理

（一）揭 膜

在宜昌，当气温稳定在 20℃以上时可以揭去覆盖的薄膜，600m 海拔以下地区一般在 4 月中旬揭膜，其上地区可稍晚一些。揭膜有利于春季雨水灌溉，可预防高温烧根。

（二）除　草

苗木定植后 20～30d 要及时扶苗培土固垄，谨防土壤自然下沉"掉气"，并及时除掉苗木附近的杂草，干旱时还需浇水灌溉。

（三）主干培育

定干高度主要依据栽植的方式确定，农林间作核桃树定干高度 1.0～1.5m。园式栽植的核桃定干高度 0.8～1.0m。定干的当年，对整株苗木的萌蘖，要全部保留，有利于叶片光合作用生产养分供给苗木生长，根系迅速扩张。不过要控制砧木部分的萌梢生长势，不得强于嫁接部分萌梢的生长势。

（四）补　植

苗木定植后应经常检查成活情况，发现有死株和病株及时拔除，然后用备用苗木予以补栽，以免在同一果园内因为缺株过多而影响产量。

（五）防控病虫害

新栽的核桃幼树特别要防控病虫危害，特别是黑斑病和食叶害虫，还有部分蛀杆害虫。为害嫩芽的害虫主要有叶甲、银杏大蚕蛾、金龟子、尺蠖、刺蛾等，蛀杆害虫有芳香木蠹虫、吉丁虫等。

第六章
核桃施肥技术

第一节 核桃树营养需求

核桃树生长需要营养，但必需的营养元素有 16 种。每种必需元素都有特定的生理功能、不能相互代替。缺少某种元素时，核桃树就不能正常生长结果，而且出现缺素症、只有补充该种元素后才能矫正。

一、营养元素分类

根据核桃树对各元素需要量不同，分为氢氧元素、大量元素、中量元素、微量元素 4 类。

（一）氢氧元素

氢氧元素是指碳（C）、氢（H）、氧（O）三元素，碳是以二氧化碳的形式从空气或土壤中取得，氢和氧两种元素来源于水和空气（图6-1）。这 3 种元素是碳水化合物合成的主要元素，因主要来源于大气，所以也称"大气元素""大气营养"。

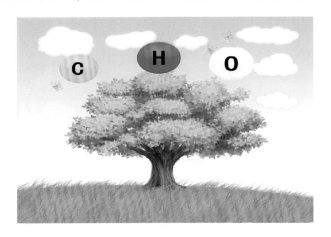

图6-1 氢氧元素

（二）大量元素

因核桃等果树对氮（N）、磷（P）、钾（K）三元素的需要量较大，所以将此 3 种元素称为大量元素，此 3 种元素主要来自土壤，施肥时应首先考虑（图6-2）。氮磷钾三元素也是化肥的主要成分，是配方施肥首要参考指标。

图6-2　大量元素

（三）中量元素

钙（Ca）、镁（Mg）、硫（S）三元素是核桃树生长需求仅次于大量元素的养分，也来自于土壤。宜昌的土壤中含钙较高，一般不需补充。但也存在有机质偏低，土壤微生物对钙分解不力而致树缺钙的现象。有的土壤缺镁和硫，树体表现明显的缺素症，需要在施肥中及时补充。

（四）微量元素

铁（Fe）、硼（B）、铜（Cu）、锰（Mn）、锌（Zn）、钼（Mo）、氯（Cl）这7种元素因核桃树对这些元素需要量很少，但不可缺，故称为微量元素。来源于土壤，通过根系吸收补给，也可用叶面施肥予以补给，以保证核桃树正常的生长结果。另外，有些元素虽然不是核桃树必需，但对核桃生长有一定的作用。比如在缺钾（K）时，如果土中有钠

图6-3　中、微量元素

（Na）存在，则这些植物的生长发育仍可正常进行。钠在植物生命活动中的作用，目前还不十分清楚，但在盐生植物中往往以 Na^+ 调节渗透势，降低细胞水势，促进细胞吸水。

二、施肥的基本原理

张志华、裴东在《核桃学》中收集整理了 4 种农业施肥的原理，也实用于核桃树，在此逐一介绍，便于管理者和经营者用于指导核桃树施肥。

（一）养分归还学说

德国化学家李比希 1840 年提出养分归还学说。它包含 3 个方面的内容：一是随着作物的每次收获，必然要从土壤中带走一定量的养分，随着收获次数的增加，土壤中的养分含量会越来越少。二是若不及时归还由作物从土壤中拿走的养分，不仅土壤肥力逐渐减少，而且产量也会越来越低。三是为了保持元素平衡和提高产量应该向土壤施入肥料。

养分归还学说的中心思想是归还作物从土壤中取走的全部东西，其归还的主要方式是合理施肥。

（二）最小养分律

所谓最小养分律就是指土壤中对作物需要而言含量最小的养分，它是限制作物产量提高的主要因素，要想提高作物产量就必须施用含有最小养分的肥料，也称"水桶原理"。最小养分律包含 4 方面的内容：一是土壤中相对含量最少的养分影响着作物产量的维持与提高。二是最小养分是相对作物需要来说，土壤供应能力最差的某种养分，而不是绝对含量最少的养分。三是最小养分会随条件改变而变化。最小养分不是固定不变的，而是随施肥影响而处于动态变化之中，当土壤中的最小养分得到补充，满足作物生长对该养分的需求后，作物产量便会明显提高，原来的最小养分则让位于其他养分，后者则成为新的最小养分而限制作物产量的再提高。四是田间只有补施最小养分，才能提高产量。

最小养分律的实践意义有以下 2 个方面：一方面，施肥时要注意根据生产的发展不断发现和补充最小养分；另一方面要注意不同肥料之间的合理配合。

（三）报酬递减律

施肥对产量的影响可以从 2 个方面来解释：一方面从施肥的年度分析，即开始施肥时产量递增，当增产到一定限度后，便开始递减，施用相同数量的肥料，所得报酬逐年减少，形成一个抛物线。另一方面是从单位肥料能形成的产量分析，每一单位肥料所得报酬，随着施肥量的递增报酬递减，也称肥料报酬递减律。

肥料报酬递减律是不以人们意志为转移的客观规律，因此应该充分利用它，掌握施肥的"度"，从而避免盲目施肥。从思想上走出"施肥越多越增产"的误区。

（四）因子综合作用律

作物的生长发育受到各因子（水、肥、气、热、光及其他农业技术措施）影响的，只有在外界条件保证作物正常生长发育的前提下，才能充分发挥施肥的效果。因子综合作用律的中心意思就是作物产量是影响作物生长发育的诸因子综合作用的结果，但其中必然有一个起主导作用的限制因子，作物产量在一定程度上受该限制因子的制约。所以施肥就与其他农业技术措施配合，各种肥分之间也要配合施用。

第二节　肥料种类及特点

一、有机肥

有机肥料是指含有有机物质，既能提供农作物多种无机养分和有机养分，又能培肥改良土壤的一类肥料。其特点包括：

（1）有机肥料肥效期长。除少量养分可供作物直接吸收外，大多数需经微生物分解方能利用，分解需要时间，分解的过程是逐步进行的，也需要时间，所以有机肥的肥效期长。

（2）分解产物也可有效利用。在分解过程中，会产生二氧化碳，二氧化碳除被植物吸收外，溶解在土壤水分中形成的碳酸和其他各种有机酸、无机酸都有促进土壤中某些难溶性矿质养分溶解的作用，从而增加土壤中有效养分的含量。

（3）促进土壤团粒结构的形成，改善土壤水热状况，有利于作物生长。

（4）在不利条件下，也可产生有害物质。

图6-4　有机肥配比示范

二、无机肥

无机肥料为矿质肥料，也叫化学肥料，主要是无机盐形式。大多数要经过化学工业生产。其特点包括：

（1）成分较单纯，养分含量高。

（2）大多易溶于水。施用后除部分为土壤吸收保蓄外，作物可以立即吸收。

（3）有速效性与缓释性之分。

（4）可调节土壤酸碱度，如石灰、石膏等可直接增加土壤养分，还能调节土壤酸碱性，提高土壤中有效养分的释放。

三、微　肥

微肥是指中微量元素构成的肥料，在植物生长中需要量较小的一些化学元素。微肥是植物正常生长和生活所必需的。其特点包括：

（1）专一性，微量元素在植物体内的作用有很强的专一性，是不可缺乏和不可替代的。当供给不足时，植物往往表现出特定的缺乏症状，降低产量和质量，严重时可能绝产。

（2）可复合性，能与其他多元素复合。

四、生物菌肥

菌肥亦称生物肥、生物肥料、细菌肥料或接种剂等，但大多数人习惯叫菌肥。其特点包括：

（1）生物肥料是菌而不是肥，因为它本身并不含有植物生长发育需要的营养元素，而只是含有大量的微生物，在土壤中通过微生物的生命活动，改善作物的营养条件。

（2）依赖有机物为生理活性物质。

（3）微生物活动的结果，除了增加土壤中的矿物质营养和腐殖质以外，还能产生多种维生素、抗生素、生长素等，具有促进根系发育，刺激作物生长，增强抗病能力的作用。

第三节　施　肥

核桃树为多年生喜肥果树，每年的生长和结实需要从土壤中吸收大量的营养元素。特别是幼树阶段，生长旺盛而迅速，必须保证足够的养分供应。幼树发育的好坏直接影响结果期的产量。如果所需营养得不到满足，就会出现营养物质的消耗与积累失衡，造成营养失调，削弱器官的生长发育，造成"小老树"。只有通过合理施肥，才能不断补充土壤中的养分，不断满足核桃树生长发育的需要，有效提高树体抗性。合理施肥就是根据平衡施肥原则，结合核桃树的生理特性，实行有机肥、无机肥、微量元素、菌肥的合理搭配，确保低毒高效，及时供应核桃树生长。合理施肥还可以改善土壤的机械组成和土壤结构，有利于核桃幼树的根系发育，促进花芽分化，调节生长与结果的关系，使幼树提早结果。盛产期的核桃树年年大量结果，对养分的需求增加，要通过增施肥料予以补充。

一、秋施基肥

核桃施秋肥又称施"还阳肥"，是指核桃树秋天采果后及时施用的肥料，利用叶落前的光合作用生产养分，恢复树势，故也称为秋施基肥（图6-5）。

图6-5　秋施基肥现场

（一）施秋肥作用

1. 储备养分恢复树势

秋施基肥有"秋施金，冬施银、春施铁"说法，也有"早施金、中施银、晚施铁"的说法。这是因为核桃树从早春萌芽到开花坐果这段时间所消耗的养分，主要是上一年树体内贮存的营养。果实采收后到落叶前这段时间（农历寒露前），地上部分基本停止生长，而叶面光合作用仍然旺盛，是积累养分的最好时期。此时施肥有利于叶面积累更多营养向茎秆和枝条输送，可以增加树体的营养贮备，有利于恢复树势。

2. 肥料的利用率高

秋季土温较高，墒情较好，有利于土壤微生物活动，施入的有机肥腐熟快，易被根系吸收利用。

3. 有利于根系更新

秋季是根系一年中最后一次生长高峰期，此时施肥所造成受伤的细小树根能很快愈合，还能快速促发新根，其生命活动旺盛，吸收养分能力强。秋季施肥，深翻土壤，能够优化土壤结构，改善土壤通透条件，利于根系呼吸生长。

4. 调节营养生长和生殖生长平衡

秋季施肥后，肥料中的速效养分被吸收后，能大幅增强秋叶的光合作用，积累养分，使花芽充实饱满，来年春季萌芽早，开花整齐，春梢长势强，生长量大，利于维持优质丰产的健壮树势。而迟效性养分在土壤中经过长时间的腐熟分解，春季易被吸收利用，加强了春梢后期发育，提高了中短枝的质量，且能及时停长，为花芽分化创造了条件。

5. 提高树体抗性

秋季施肥，有利根系活动，延缓叶片衰老，增强秋叶光合能力。可以提高土壤的孔隙，使土壤疏松，有利于果园保墒蓄水，预防冬春干旱，还可以提高地温，防止果树根部冻害，提高树体抗逆性能。早施有利于肥料腐熟转化，被核桃树吸收利用，晚施浪费严重。

（二）施秋肥时间

秋肥多在核桃采收后1周进行，即9月至10月上旬进行，农历寒露前完成。

核桃树没有叶片时尽量不施肥，更不可施速效性肥料。这是因为核桃树靠根系吸收矿物质养分，随树干木质部上传，在叶片进行光合作用，生成的碳水化合物随树皮韧皮部下传至根部，确保根系活力，并形成树体营养流动循环系统。在此循环中，叶片的光合作用起到各营养元素相互融合，蒸腾作用形成压差，带动各营养元素随树液流动。如没有叶片，各种营养元素就不能加工和融合。没有叶片，就没有压差，树液不能循环流动，碳水化合物也传不到根部，根系缺乏活力，就不会吸收。此时施入土壤中的肥料就不能及时被核桃树利用，会随雨水流失或被其他植物吸收而浪费。

（三）施秋肥种类

秋肥一定要实行有机肥、无机肥、微量元素肥和菌肥的有机结合（图6-6）。有机肥类型不得施用未经腐熟的农家肥、秸秆等肥料，起不到迅速恢复树势的作用，最好将农家肥、农作物秸秆进行堆沤腐熟后施入。无机肥要实行速效性和缓释性相结合，尽可能选择复合有微量元素的无机化肥。生物菌肥最好秋雨后施肥，有利菌类积极作用。

图6-6　基肥混合

（四）施秋肥数量

根据不同品种、土壤肥力、树势、生长生育时期等诸多因素确定施肥量，基本遵循"斤果半肥"原则。看树施肥，看地施肥，即：树大多施，树小少施；结果多的多施，结果少的少施；树势衰弱的少施，树势强盛的多施；肥地少施，瘦地多施。在宜昌，3 年以下的幼树以含氮量高的肥料为主，单株 0.5～1.5kg。3～5 年生的树单株 2.5kg，5～10 年生的树单株 4kg 左右，10 年生大树单株 5kg 以上。

（五）施秋肥方法

施秋肥要破土，沟宽 30～40cm，深 30cm 左右，将肥料均匀撒入沟内，与沟内土壤搅拌均匀后再覆土。施秋肥开沟宽度不能过窄，窄了不利肥料与土壤的搅拌，会形成雷区；开沟深度不能过浅，浅了会诱导根系向地表分布，不能抗涝、抗旱、抗高温。

施肥的方法很多，常用方法有：

1. 环状沟施肥

以树干为中心，沿着树冠滴水线外缘，开挖一条环状施肥沟（图6-7）。施肥沟可挖半环，也可挖全环，挖半环的需轮流开挖，一年一个方位。

图 6-7　环状沟施肥

2. 条状沟施肥

在核桃树行间或株间，切树冠滴水线外缘相对的两侧，分别开挖平行的施肥沟（图6-8），挖沟的位置一年一换。

图6-8　条状沟施肥

3. 放射沟施肥

以树冠为中心，在树冠投影范围内，射线状开挖4～8条施肥沟，沟宽20～40cm，深10～20cm，沟长与树冠半径相近，沟深由冠内向冠外逐渐加深（图6-9）。每年施肥沟的位置要变更，并且随着树冠的不断扩大而逐渐外移。该方法主要用于长势强、树龄较大的树。

图6-9　放射沟施肥

（六）施秋肥误区

综合以上施秋肥技术措施，检验当前各地农户对核桃施肥生产实践，易出现以下各种误区。

误区一：落叶后施基肥（冬施基肥）

此法不利于根系吸收，肥效延迟，造成肥料的浪费和污染。因为肥效大小和快慢，取决于根系特别是新根的吸收活动能力。试验证明，冬天根系对肥料吸收能力很弱。冬季根不生长，新根少，吸收能力弱；根靠叶长，吸肥也靠叶片提供营养动能。叶片送到根中的有机营养多少，与吸收肥料的能力有着密切的关系。冬施基肥，缺少从叶片回流到根系中的有机营养，根的吸收能力很差，断根伤口迟迟长不出新根。

冬施基肥，对树体内有机营养贮备不能起作用，也不利于促进次年中短枝快长、早

停、早积累，等到新梢大量生长时，新根大量发生，肥效才能发挥出来，促使了枝条长得更长，不能及时停长。枝条旺长，又多夺走了大量养分，影响了中短枝的发育。停长后又处于缺肥状态，本身合成积累有机营养不足，就不能及时形成花芽。

冬施基肥，肥劲用在长条上，大量叶片形成晚，制造的有机营养用在枝条生长，贮备较少，不能迅速提高树体的营养水平，既不利于长树，也不利于成花。

误区二：只施化肥，不施有机肥

有些人认为化肥比有机肥劲大，为了减少投资，只施化肥，不施有机肥。如果连年这样秋施基肥，会造成土壤板结，透气不良，土壤含氮素太高，抑制根系对其他元素的吸收，如缺锌叶片小，缺钙果实黑点多，缺镁黄叶多，肥料利用率低，树体虚旺秋梢长，不能成花结果。而且单施氮肥或复合化肥不但容易出现缺素症，而且树体抗性下降，腐烂病严重。只施化肥，作用是暂时的，有时施化肥后，果树吸收利用还不如浇水流失的多。只施化肥，肥效期短，前期旺长，中后期过早的就没有肥力。

秋施基肥要以有机肥为主，化肥为辅，有机无机相结合，速效、缓释互补短长，既能改变土壤透气性，又能满足果树产量高的营养需求，还能提高大化肥的利用率。

有机肥营养全，氮、磷、钾及各种中微量元素都有，但含量低，远远满足不了果树产量高的需求，这也是要加硫酸钙镁硼等中微量元素肥的原因。

多施有机肥，土厚根深，既有利于抵抗不良条件，又有利于稳定的吸收活动。例如，夏季表土温度升高，一般超过 30℃，则影响根的生长和吸收活动，温度再高则会伤害根系。冬季土壤表层冻结，冻土层根系吸收停止，而地面会继续蒸腾失水。如果多施有机肥，根扎的深，夏季表土高温只限制了表层根的吸收，下层根系温度适宜，继续生长和吸水吸肥，冬季表土冻结也只影响到上层根系，下层温暖，根系照常吸水吸肥。春天表土温度上升快，表层首先"工作"，春夏干旱时，表层缺水，下层水多，根能吸收，秋季表土温度下降，下层根继续"工作"。这样表层根和深层根交替活动，根系生长和吸收活动时间长，总的吸收能力强，抗旱又抗涝，抗冻又抗热，气候虽多变，但根系功能稳定，吸收正常，水分供应持续不停，为地上部生长和结果创造了条件。

总之，以有机肥为主，复合化肥为辅，才能不断地提高土壤有机质，肥力提高，根生长吸收和水肥供应稳定，养分种类齐全，不至于"饥一顿，饱一顿"，也不至于"偏吃一种，营养不全"。

误区三：只施有机肥，不施复合化肥

有人认为有机肥好，只施有机肥。不管是农家肥还是商品有机肥，虽然营养全，但含量低，满足不了果树产量高的营养需求，必须配以复合化肥。

有机肥虽然营养全，而且营养供应能长达 1 年，但有机肥主要是改良土壤，增加土壤有机质，改良土壤透气性，改变土壤的水、肥、气、热环境，为根须生长创造一个良好条件。复合化肥才能满足植株生长需要，才能强身健体。所以，以有机肥为主，再根据树势旺弱，花芽多少，配以适量的复合化肥为好。

误区四：短沟或独穴状施肥

生产中发现，很多人为了节省劳力，开挖短沟或独穴，直接把肥料撒在沟底，造成的后果是施肥太集中，容易烧根。肥料集中在土壤中，融化后形成高浓度区域，形成"雷区"，容易伤到延伸到此处的须根。根系分布较广，但肥料相对集中，肥效在土壤中转移较慢，会使大多数根系处于"饥饿状态"。正确的做法是：围绕树冠滴水线开挖长沟、深沟（30cm左右），把各种肥料撒在沟底后与土壤搅拌均匀，然后回填。采用这种办法，施肥沟里所有的根都能吃到肥料，既不怕烧根，又能使较深的土壤得到改良。

误区五：施肥一刀切

有些人施肥一刀切，棵棵树施一样。造成的后果是弱树吃不饱，仍然弱，旺树会更旺。正确做法是：每一块核桃园里，都有旺树、弱树、中庸树。对中庸树，可在树行间或株间两边各挖一条施肥沟。对弱树不但行间要施肥，株间也要挖沟施肥，也就是对弱树四面都施肥。弱树比中庸树多施肥料。对旺树在行间各挖一条沟，只施有机肥，不施复合化肥。施肥不能一刀切，要实行"一株一策"，区别对待。

误区六：施肥部位不正确

有人把施肥沟挖在树冠内，也有人为省事，只在两行树中间挖1条沟，施肥沟离2行树梢头太远，也是错的。也有人秋季施肥不挖沟，肥料撒在地面，用旋耕机打一次，这种施肥方法速度快，而且省工，但也有它的缺点，未达到应有的深度。也有人施肥沟挖的太窄、太浅，都是错的。正确的施肥部位是：树冠梢头垂直下方，因为这个部位吸收根最多，越靠近主杆，根越粗，没有吸收功能。离树冠梢头太远，没有吸收根，施肥接不上力。把肥料撒在地表面用旋耕机打地，和施肥沟挖的浅，都会使根系越扎越浅，不耐旱。施肥沟挖得不够宽，施肥太集中怕烧根，也不利于根系伸展。

误区七：弱树施肥在树冠梢头下

弱树首先是根弱，弱树每年几乎不长新根，弱树根须长短小于树冠梢头，很多人仍然把施肥沟挖在树冠梢头下方，因为施肥沟里没有根，或是多年的老根吸肥能力差，同样施肥效果不好。弱树施肥一定要断根，沿树冠滴水线向内侧挖沟，如果没有根再往里挖；如果有根，可对根回缩短截。缩短根的运输线，促进伤口长新根，增加根的吸收功能，壮树要先壮根。

误区八：固定部位施肥

大部分人都是每年在行间树冠垂直下方挖沟施肥，每年施肥沟都是挖了填，来年继续挖，多年来不变样，造成树的其他部位的根系连年处于"饥饿"状态，一棵树每年只有部分根系在吸收营养。要多种施肥方法交替应用才成。

二、春施追肥

（一）施春肥作用

进一步补充树体养分，促进新梢成枝，促进花芽开放，提高叶、芽、花抗性。

（二）施春肥时间

施春肥的具体时间，一是要根据核桃树品种的物候期决定，即在萌芽后 10 ~ 15d，有了新叶，才能构建完整的吸收循环系统；二是要根据肥料种类的肥效发挥期决定，如春节气温低，尿素在土壤中融化转化为铵态氮需 7 ~ 10d，再转化为硝态氮需 3 ~ 5d，依次倒推，春季施尿素时间应在萌芽前 15d 以上，还有部分复合化肥则需更长时间。

（三）施春肥种类

（1）要选择速效性肥料，在合适的时间点施入，能快速融化和转化，被根系吸收，可满足长枝和开花的营养需求。切记不得施缓释性固态肥，因缓释性肥料在土壤中转化时间长，肥效释放速度慢，不能及时补充树体营养消耗，就会造成保果营养不足。要选择直接能吸收的分子态、离子态肥料。因为春季地温低，各微生物活动力弱，肥料转化慢，根系吸收力差，水溶性氨基酸、腐殖酸肥能有效克服环境不利因素。

（2）要选择含氮量高的复合化肥，春季萌芽、展叶、成枝、开花等生理活动离不开氮肥，但也不能光施氮肥，磷钾肥也是植物生长的必要元素。

（3）要考虑土壤酸碱度，尽量选择能中和酸碱度的肥料，即酸性土壤施碱性速效性肥料，如磷酸二铵，碱性土壤施酸性速效性肥料，如磷酸一铵。

（四）施春肥数量

施春肥数量跟施秋肥一样，看树施肥、看地施肥。5 年生树以下看树大小及土壤肥沃度，0.5 ~ 1.5kg/株。5 年生以上树 2.5 ~ 5kg/株。

（五）施春肥方法

1. 树干涂肥

对部分分子态、离子态腐殖酸、氨基酸等肥料可直接涂抹于树干上（图 6-10），通过皮层直接吸收，补充萌芽养分。涂杆的方法一般按"下起线、上齐叉，中间不留花茬"执行，即下起地平线，上

图 6-10 树干涂肥

齐树干分叉的部位，中间要涂抹均匀。

2．枪施入土

将速效性肥料化水，用施肥枪沿树冠滴水线外缘直接打入土中（图6-11），深度20cm左右，肥料能均匀的分布在根系附近，直接被根系吸收。春季施肥，最好不破土伤根，因为春季的根系是头年秋季更新的，春夏季靠的就是这批新根吸收养分供树生长，如果随意破坏，树木先更新根系，必将消耗树体储存的养分，影响核桃开花结果。用施肥枪冲肥，不破坏土层，可有效保护根系的完整性。

图6-11　枪施肥

三、夏施壮果肥

（一）壮果肥作用

果树的壮果肥也叫夏肥，果实进入迅速膨大期后，也正值花芽分化的关键时期，果树生殖生长和营养生长矛盾较为突出。此时核桃长叶、长枝和保果都需要营养，如营养缺失或者分配不合理，果实膨大无力就会落果。及时的壮果肥可有效缓解这个矛盾，有效保果，并促进果实快速增大，提高果实的商品质量，还可以有效促进花芽分化，奠定来年结果基础，保证连年优质丰产。

（二）施壮果肥时间

（1）要根据核桃树品种的物候期决定，即在花芽分化的临界期3～10d内施肥效果最好。据观察，宜昌早实核桃树枝梢4月中下旬就停止生长，40～45d后即5月下旬进入生理分化期。生理分化期大约15d结束，生理分化期结束之后即进入形态分化期，这个转折点就是生理分化和形态分化的临界期。考虑肥料在土壤中的发酵时间，在6月上旬施壮果肥正当其时。

（2）要根据肥料种类的肥效发挥期倒推施肥时间。

（三）施壮果肥种类

壮果肥种类要选择速效性肥料，要选择含磷高的复合化肥，因为磷元素能有效促进雌花芽的形成。氮不可高，缺了也不行，磷肥必须靠氮肥提供活力。钾肥和微量元素也不能少，钾肥可以增加核果风味，提升果实品质。

（四）施壮果肥数量

施壮果肥数量跟其他追肥一样，看树施肥、看地施肥。5年生树以下看树大小及土壤肥沃度，0.5～1.5kg/株。5年生以上树2.5～5kg/株。

（五）施壮果肥的方法

施壮果肥的方法和春季追肥一样，提倡枪施肥，不破土不伤根。

四、叶面喷肥（根外施肥）

（一）叶面喷肥作用

核桃树叶面喷肥也称根外追肥，是将肥液配制成一定浓度的水溶液，然后喷洒到树上（图6-12），使叶片吸收养分加快树体生长。其优点是见效快、用量小，不受土壤影响，而且还可与药剂混合使用，省工省时，施用方便。在核桃生长期适时进行叶面喷肥，既能改善果实质量，还能提高产量。

图6-12　叶面喷肥

（二）叶面喷肥的肥料种类

可用于叶面喷肥的氮肥主要有尿素、硫酸铵、氯化铵、硝酸铵等。尿素的含氮量高

（达46%），分子体积小，扩散性强，树体能很好地吸收养分，是叶面喷肥常用的肥料。

可用于叶面喷肥的钾肥有草木灰、氯化钾、磷酸二氢钾、硫酸钾。

可用于叶面喷肥的磷肥有磷酸二氢钾、磷酸铵和过磷酸钙等。核桃树对磷的需要量相比氮和钾来说要少，但是将其施入土壤中，大部分会变为不溶态，大大降低了肥效，所以在叶面喷肥时，磷肥也是至关重要的。

可用于叶面喷肥的微量元素肥料主要有硼砂、硼酸、硫酸镁、硫酸亚铁、氯化钙等。果农应该根据核桃树生殖生长和营养生长状况以及树体内缺少的营养元素，选择合适的肥料，保证喷肥效果。

（三）叶面喷肥喷施浓度

核桃树生长前期由于枝叶幼嫩喷肥浓度宜低，生长后期枝叶成熟喷肥浓度宜高。气候多风干燥时应适当降低浓度，阴雨天气可适当提高浓度。喷雾高浓度时，必须在喷施前做个小试验，确定不会引起肥害后再大面积施用。

叶面喷肥常用肥料浓度为尿素0.3%～0.5%，硫酸铵0.1%～0.3%，硝酸铵0.1%～0.3%，草木灰1%～6%，氯化钾0.3%，硫酸钾0.5%～1%，磷酸二氢钾0.2%～0.3%，磷酸铵0.3%～0.5%，过磷酸钙1%～3%，硼砂0.2%～0.4%，硼酸0.1%～0.5%，硫酸镁0.2%～0.3%，硫酸亚铁0.2%～0.4%，氯化钙0.5%等。

（四）喷施时期

对于宜昌地区，在核桃春梢生长期（4月上中旬）、花芽生理分化期（5月下旬）、花芽形态分化期（6月上旬）等生理期进行叶面追肥，能有效缓解营养调节矛盾，有利于保果，有利形成高质量花芽。在各个时期，要根据树种特性和管护目的来选择相应的肥料，并确定喷肥的时间。在核桃树萌芽期，若为防治黄化病或小叶病，喷施铁肥和锌肥效果比较好；花期可喷施硼砂来提高座果率；在幼果期，为避免果实缺钙而引发生理病害，可喷施优质钙肥；在树体生长中后期为了促进花芽分化和果实着色，可喷施钾肥和磷肥。另外，气温、风和湿度会对叶面喷肥造成较大影响，一般在干燥、高温、强光、雨天等环境中喷施效果差。在适宜的范围内，温度越高，叶片吸肥越快；风速越小，肥液在叶片上停留时间越长，吸肥就越多，飘移损失越少；湿度越大，吸肥越多。因此，为了提高肥效，最好在无风的阴天喷肥。晴天可以在10时前和16时后喷施，这样能防止肥液浓缩造成肥害。叶面喷肥后遇到雨天，会降低肥效，所以应尽可能把追肥安排在雨后进行，如果喷后3h遇雨，天晴后应补喷，并适当降低浓度。

（五）叶面喷肥注意事项

叶面喷肥的浓度都比较低，每次的吸收量也很少，为了提高喷肥的效果，每年在叶面上追肥的次数一般不少于 2 次。铁、磷、钙、硼等养分在树体内移动性小或不移动、喷肥次数应适当增加，以保果为目标时在花前 10d 始喷，每隔 10d 喷施 1 次，连续喷 4～5 次。

喷肥要细致均匀，不能漏叶漏枝，通常要以叶片背面或枝上部的幼叶为主，正反两面都要喷到，这是因为相比于老叶，幼叶的生理机能旺盛，气孔所占比重大，肥液渗透量大；叶背面比叶正面气孔多、角质层薄，并且有较大的细胞间隙和疏松的海绵组织，能使肥液充分渗透和被吸收，吸肥快而多，因此，叶面、叶背都要喷到。核桃树叶面肥液的存留量在一定范围内和吸收量呈正比，因此在喷肥时要做到雾滴细微，均匀细致。将叶片喷至全部湿润，肥液欲滴而不掉落为最佳。由于不同的营养元素在树体内有不同的移动速度，所以喷洒部位应有所区别，尤其微量元素在树体内流动较慢，最好直接施于需要的器官上，若想提高核桃的座果率，就必须把硼喷到幼果和花朵上。

大部分叶面肥可以和防病虫的药剂混合喷施，但有些肥料不能和农药混合，比如磷酸二氢钾不能和波尔多液、石硫合剂混喷。微肥可与其他农药混喷或微肥之间合理进行混合喷施，有一喷多效的作用。但是混喷前必须弄清各自的理化性质，如果性质相反，互相妨碍，绝不可混喷。比如，一般各种微肥都不能与碱性肥料石灰、草木灰等混合喷施，硫酸铜不能与过磷酸钙、磷酸二氢钾混喷，锌肥不能与过磷酸钙混喷。为了防止发生肥害，在混喷前要做试验，各取少量肥料和农药溶液混合在一起，仔细观看有药肥或不同肥料的混合液有无沉淀、浑浊或气泡发生，如果有，说明不能混合施用。另外，药肥或不同肥料的混合液不能久置，必须随配随用。

第七章

核桃树整形修剪

核桃树整形修剪是指根据核桃植物生长发育特性和生产的需要，对核桃树茎、叶、芽、花、果等树体部位采取一定的技术措施，以培养出所需要的结构和形态的一种技术。整形修剪在果树生产中具有十分重要的意义和作用，主要体现在 3 个方面，一是能使核桃树形成牢固、合理的树体骨架，改善树体的通风透光条件，提高负载能力；二是能调节营养生长和生殖生长的关系，使它们保持相对平衡，实现早产、丰产和稳产的目标；三是整形修剪还能减轻核桃树病虫害，增强抗逆性，提高品质。

第一节　核桃树整形修剪元素

一、树　势

树势一般指树木的生长势，是树木枝、叶、芽、果的生长症状。核桃树修剪对树势有重要影响。首先是修剪改变了光路和水路。剪掉一部分枝条就腾出一片空间，开辟一道光线照射路径，改善光照条件；剪掉一部分枝条也减少对水分的消耗，从而对节省的水分进行再分配，使留下的枝条得到更多的水分，这就是修剪对树势影响的根本原因。养分都是通过水分运输的，水分传输的多少、快慢决定着核桃树各器官得到养分的程度，决定生长势的强弱。修剪减少了核桃树的枝量，但留下来的枝条质量提高，生长势增强。如果修剪量太大，伤口增多，树势反而削弱。修剪对树势的影响也是一分为二，相互辩证的。因此，修剪技术非常重要，应当高度重视，正确把握。

（一）树势强弱划分

国家林业局科技发展中心颁布的《核桃遗传资源调查编目技术规程》，将核桃树势划分为弱、中、强 3 个等次。测量核桃树一年生枝梢长度，其中 50% 的新梢长度 >60cm 的为强，20cm < 新梢长度 <60cm 的为中，新梢长度 <20cm 的为弱。

（二）树势强弱的影响因子

核桃树势与立地条件密切相关，立地条件好，树木根系发达，水肥管理方便，树势较强，树势也容易调节。因为较好的肥水可以增强树势。而条件较差的地方，土壤贫瘠，管理困难，水肥缺乏，树势较差，恢复也较难。因此，修剪技术人员应当充分考虑核桃园的立地条件，慎重下剪。

树势与枝组的特性密切相关：一般枝杆粗壮，树势强，枝杆细树势弱；枝杆开张角度越小树势越强，开张角度越大树势越弱；骨干枝分枝越少树势越强，分枝越多树势越弱。

树势与核桃芽密切相关，在同一枝上，饱满芽萌发力强，后期树势增强；瘦弱芽萌发

力弱，树势也跟着减弱。修剪中，常根据芽体的大小和空间布局来决定修剪部位。

（三）树势与品种类型的关系

树势强弱与品种密切相关，品种一般有长枝型、中枝型和短枝型，其树势依次减弱。

短枝型品种一般是指依靠短结果枝为主的核桃品种，其萌芽力较强，成枝力较弱，一般体现为树势较弱。这是因为养分较平均地分配到各个芽，顶端抽生大枝的数量很少，形成大枝少，短枝多。尤其是角度开张的枝条，多发生短枝。辽核系列品种具有代表性。短枝型品种树势容易变弱，由于短枝型品种芽饱满，容易成花，结果多，控制不当常常使树势由强变弱，形成"小老树"。

中枝型品种是指中等长度的枝条结果比例较多的品种，萌芽力与成枝力均较高。一般重剪的延长枝，剪口附近的饱满芽，能够抽生 3～5 个中长枝，占发枝数的 1/4～1/3，节间距离中等。中枝型品种特点是中短枝比例多，节间长居中。大多核桃品种为该类型。中枝型品种生长势中等，中短枝容易形成果枝群，大量结果后容易衰弱。保持一定的生长势可维持较长的结果期。同时，中枝型品种有较多的中长枝，对于树形培养和枝组的形成都较容易，在核桃园中属于较好管理的树。

长枝型品种特点是长中枝较多，生长旺盛，结果较少。晚实品种大多数属于此类，早实核桃如中林、西扶等，晚实核桃如清香等。长枝型品种一般节间较长，延长枝重剪后，剪口附近的饱满芽能够抽生 4～6 个中长枝，占发枝数的 1/3～1/2，而且枝条多直立。这些品种极性强，幼树期间如果不及时开张角度，以后很难开张。同时由于树枝较旺，结果较少，影响了前期的经营收益。长枝型品种生长势强，结果寿命较长，同时抗病性也较强。利用好这些特性，有利核桃园的可持续效益。注意要较早地开张角度，以便获得早期收益。

（四）树势与伤口的关系

核桃树如果刮掉皮，造成较大伤口，树势必然会减弱。因为树皮是树体水分和养分的传输通道，破坏了通道，树液流动循环减慢或断裂，根系得不到足够的碳水化合物，会慢慢失去活力，树势逐渐减弱，严重致树死亡。

在改造中，对多年没修剪，树势强旺且分枝较少的骨干枝，可用该原理造伤，减少或减缓水分和养分的传输量或速度，促进造伤部位后端多发枝，达到均衡树势，培养结果枝的作用。

对于正常修剪应及时保护伤口，以免造成不良后果。幼树期间是培养树形的时期，伤口处理不当会适得其反。主干造成伤口，极易形成"小老树"。盛果期树容易发生腐烂病，主干发病需要刮治，刮治形成的伤口必须涂抹保护剂，防止病菌滋生和伤流减弱树势。

（五）树势平衡

树势平衡就是通过修剪等技术措施，调整枝的数量、长短、分布和粗度，达到各枝之间整体平衡的生长状态（图7-1），避免发生明显的不平衡现象，或者对已经发生的不平衡现象加以纠正。所谓树势不平衡，主要是指构成树冠的各骨干枝之间长势不协调，或者说是各骨干枝在其强弱方面出现异常现象。另外，骨干枝与大型辅养枝、大型结果枝组之间强弱方面的异常现象，也属于树势不平衡之例。

图 7-1 树势平衡

树势不平衡现象的表现是多方面的，例如：上层主枝超过下层主枝的"上强下弱"现象；树冠一侧主枝超过另一侧主枝的"偏冠"现象；某一侧枝超过其所在主枝、中心干上的某大型辅养枝超过相邻主枝，主枝上的某一大型结果枝组超过相邻侧枝等"喧宾夺主"现象。无论是全树的还是局部的树势不平衡，都应该及时加以调整，如果任其发展，势必造成树形紊乱，破坏牢固的树体结构，影响正常的生长结果和果树的经济寿命。

平衡树势的基本原则是抑强扶弱。所谓"抑强"就是抑制强旺枝的生长势，其措施包括开张角度、去强留弱、去直留平（降低角度）、适当重剪多疏少留枝、增加中短枝和结果枝的数量，以及采取包括拉枝在内的多种成花、保花、保果等增加负载量的措施。所谓"扶弱"就是促进衰弱枝的生长势，其措施包括缩小垂直角度、去弱留强、去平留斜（抬高角度）、适当轻剪缓放少疏多留枝、增加长枝和其他营养枝的数量，以及采取及时回缩更新和减少花芽量、疏花疏果等减轻负载量的措施。从上述措施中可以看出，抑强扶弱的实质是调节其生长与结果的关系。

树势不平衡现象是经常发生的，局部性的不平衡尤其如此。这就要求我们坚持平衡树势，不能企图一劳永逸。另外，平衡树势应该逐年进行，不能急于求成。否则，抑强过急可能消弱树势，扶弱过急可能生长过旺，这些都会影响正常的生长和结果，幼树尤其是这样。

二、芽

核桃树的芽是产生枝、叶、花、果的器官，决定树体结构，培养结果枝组的重要器官，也是修剪重要的参考依据。

（1）核桃的芽具有异质性，核桃树一年生枝上的芽，由于一年内形成时期的不同，芽的质量差异很大。春梢初期形成的芽，因树体储存的养分需供应长叶、开花和保果，所以消耗较大，树体内营养物质供应较少，芽的发育不良，在春梢基部总有1～3个芽成隐芽或秕芽，这是更新复壮的基础。晚春和初夏形成的芽，在一年生枝春梢的中、上部，当气温升高，春梢叶片熟绿，能生产养分，除大部分供应核果生长外，其余养分供应芽生长，所以发育好，为饱满芽。伏天气温升高，枝梢生长极慢，形成盲节。伏天过后，气温适宜，雨水增多，核桃树的枝生长逐渐加快，形成秋梢。秋梢基部也有在高温下降过程中因生长缓慢养分供应不足形成的秕芽，在秋梢的中部芽体饱满，梢前段因木质化程度不高，芽质量不好。

不同质量的芽发育成的枝条差别很大。质量好的芽，抽生的枝条健壮，叶片大，制造养分多。质最差的芽，抽生枝条短小，不能形成长枝。

整形修剪时，可利用芽的异质性来调节树冠的枝类和树势，使其提早成形，提早结果。骨干枝的延长头剪口一般留饱满芽，以保证树冠的扩大。培养枝组时，剪口多留春、秋梢基部的弱芽，以控制生长、促进形成短枝，形成花芽。山西张振民将核桃一年生枝上的芽分为隐芽、春下秕、春饱、春上秕、帽、秋下秕、秋饱、秋上秕、顶芽9种，并总结成"核桃树修剪十三手法"。

（2）核桃树的芽具有成熟度，只有成熟度高的芽才能发育成完整的芽，才能形成花芽。一般来说早实品种核桃的梢萌发较早，停止生长也早，其春梢上的芽吸收养分充足，成熟早，当年可形成花芽。晚熟品种核桃萌发较迟，当伏天高温来临时，春梢往往被迫停止生长，其木质化程度和养分积累不够，许多芽不能形成花芽，只有顶端或第一侧芽受生长激素影响可能形成1～2个花芽，会形成顶芽结果的形象，初结果树表现比较明显。无论早实核桃品种还是晚实核桃品种，秋梢都不会形成花芽，但秋梢较嫩，受磷元素积累刺激影响，会形成不完全质量花芽（假花芽），但往往开花后落果严重，保果难以成功。

核桃树一年生梢的顶芽摘心后，会有一段时间的停滞生长，有利养分积累，木质化程度加深，所以对不结果的核桃树春梢可采取摘心的方式，促进养分积累和芽体成熟，有利形成高质量花芽。

（3）核桃树的萌芽力差异很大，掌握萌芽力的特性有利修剪的精准度。萌芽力跟品种相关，一般早实核桃的萌芽力强，有的可达80%～100%；晚实核桃的萌芽力较差，有的低至10%～50%。萌芽力也受树体养分影响，树体储存养分充足，其萌芽力较高，反之则低。萌芽力也跟枝条的开张角度有关，角度开张的萌芽力较高，直立的萌芽力低。在实践中发现，一般剪口下 40cm 内的芽会萌发，开张角度较大的会延伸到 60cm，90°直立枝 20cm 左右的芽会萌发。

（4）花芽是核桃树生殖器官，是核桃树进入生殖生长的标志，有雌雄之分。当枝梢老熟，养分积累到一定程度，就会形成雄花芽，雄花芽数量众多，开花会消耗树体 60%～70% 的养分，因此核桃树有疏雄的培管措施。雌花芽是结果的部位，雌花芽的多少决定着核桃树的结实性（丰产性），在培管中一定要注意培养足够的雌花。高质量的雌花形成必须同时满足枝梢老熟、养分积累充足、营养元素完备这 3 个条件。所以施肥不当、枝条细弱或木质化程度不高、磷元素不足都不能形成花芽，或者形成不完全质量雌花。

花芽分化是指叶芽变花芽的过程，也是由营养生长向生殖生长转变的生物学过程。核桃树开花结实的早晚受遗传因子、内源激素、营养物质及外界环境条件的综合影响，不同类群、不同管理手法的核桃树，开始进入结果期的年龄及丰产性能差别很大。例如早实核桃在栽植后 2～3 年即结果，甚至在苗圃地即可开花，而晚实核桃则在 8～9 年树龄时才开始结实。不过适当的栽培措施可以促进花芽分化，使苗木提早开花结实。花芽与叶芽起源于相同的芽内生长点，在芽的发育过程中由于各种内源激素含量及贮藏营养物质水平的不同，一些芽原基则向雄花芽和混合芽方向分化。雄花分化是随着当年新梢的生长和叶片展开，在多数地区于 4 月下旬至 5 月上旬就已形成了雄花芽原基；5 月中旬雄花芽的直径达 2～3mm，表面呈现出不明显的鳞片状，形成苞片和花被原始体；5 月下旬至 6 月上旬小花苞和花被的原始体形成，可在叶腋间明显地看到表面呈鳞片状的雄花芽；到翌年 3～4 月份迅速发育完成并开花散粉。雄花芽的分化时间较长，一般从开始分化至雄花开放约需 12 个月。雌花芽分化包括生理分化期和形态分化期，全过程约需 10 个月。据观察，核桃雌花芽的生理分化期约在中短枝停止生长后的第 3 周开始，第 4～6 周为生理分化盛期，第 7 周已基本结束。雌花生理分化期表现为芽内蛋白态氮、全氮呈下降趋势，淀粉、C/N 呈上升趋势，内源 IAA（吲哚乙酸）和 ABA（脱落酸）含量升高。生理分化期也称为花芽分化临界期，是控制花芽分化的关键时期。此时花芽对外刺激的反应敏感，因此可以人为地调节雌花的分化。雌花芽的形态分化是在生理分化的基础上进行的，整个分化过程约需 10 个月才能完成。据观察雌花形态分化期约在 6 月下旬至 7 月上旬，雌花原基础出现期为 10 月上中旬，冬前在雌花原基两侧出现苞片、萼片和花被原基，以后进入休眠停止期，翌春 3 月中下旬继续完成花器各部分的分化，直到开花。

核桃树的花芽根据着生部位，分为顶花芽和腋花芽两类。顶花芽为混合芽，着生在结果枝的顶端，顶花芽结果能力较强，特别是晚实品种，顶花芽结果的比例占到 80% 以上。顶花芽分化、形成较早，呈圆形或钝圆锥形，较大。腋花芽着生在中长果枝或新梢的叶腋间，较顶花芽小，但比叶芽肥大。早实品种的副芽也能形成花芽，在主芽受到刺激，或者生长强旺时也能先后开花，并能结果。腋花芽抗寒性较强，在顶芽受到霜冻死亡后，腋花芽能正常开花结果，可保证一定的产量，所以腋花芽非常重要。早实品种腋花芽的结果能力较强，盛果期前期的树腋花芽可占到总花量的90%以上。核桃树的腋花芽因品种不同而有差别。

有的核桃的雌雄花开放不一致，雌花先开的为雌先型，雄花先开的为雄先型，还有雌雄同期开放的。雌雄异熟的，花期间隔时间有的较短，甚至有错峰（雌花或雄花末期与雄花或雌花初期同步）的现象，有的间隔较长，相差10d左右。所以核桃园尽可能栽培雌雄同期的品种，或者配备花期同步的授粉树。

早实核桃一般有二次开花和结实现象，二次花既有雌花，也有雄花，都能开花结实和散粉。据实践观察，二次花的形成并不是雌花或雄花春季开放后形成的，而是在头年伴随花芽分化的过程同步形成的，雌雄异熟的早实品种尤其表现明显。在生产中，有晚实品种如清香核桃和早实品种如辽核1号混栽互为授粉树的栽培模式，就是利用辽核1号早实核桃的二次雄花为晚实核桃清香雌花授粉。核桃树也有单性结实现象。这些可能是核桃树适应自然环境的一种本能，在花期不同步或自然环境恶劣中繁衍自身或者维持食物链完整的一种应急措施。

核桃树花开放会消耗大量养分，此时补充营养不到位，会因营养不良子房不能发育成幼果而脱落，因此为了节约养分，在芽萌动期间需进行疏花。实践观察，雌先型品种一般座果率较高，雄先型品种座果率较低，这是因为雄花先开，消耗了大量养分，影响了保果能力。由于核桃雄花花粉的数量较大，可疏除全树95%以上的雄花序，下部雄花序可全部疏除，有利提高核桃的产量和品质。

核桃树在开花结果的同时，结果新梢上的叶芽当年萌芽形成果台副梢。果台副梢的形成也是伴随花芽分化同步形成的，有的直接由二次雄花转变而成。如果营养条件较好，副梢顶芽和侧芽均可形成花芽，早实核桃品种的腋花芽翌年可以连续结果。树势较旺，果台副梢可形成强旺的发育枝。养分不足，果台副梢形成短弱枝，第2年生长一段时间后才能形成花芽。腋花芽萌芽形成的结果新梢（果台）上不易发生副梢。

三、叶

叶片是核桃树光合作用的主要器官，是养分的加工生产车间。核桃树的叶是羽状复叶，其小叶片的宽窄、长短跟品种密切相关，也是判断品种的重要参考因子之一。叶片的完整性、厚薄性、光泽度等反映出核桃树的树势和培管水平。

核桃树的叶着生在枝组上，众多的叶构成叶幕，形成叶幕层。不同叶幕层的叶片受光照的强度不同，生产能力也不同。裴东研究发现，树冠顶部受光量可达100%，树冠由外向内1m处受光量为70%左右，2m处受光量为40%左右，3m处受光量为25%，树冠中心的受光量仅为5%~6%。一般叶幕厚度超过3~4m时，平均光照仅为20%左右。一般光照强度在40%以下时，所产生的果实品质不佳，20%以下时树体便失去结果的能力。山西张振民研究结果显示，因核桃果实不像苹果、杏、枣等需要光照着色，且极易在强光下灼伤,所以提倡叶幕层厚些,在 2.5～3.0m 范围内,结实性和果实品质最佳。宜昌实践证明,核桃果实虽不着色,内膛也能结果,但结果部位大多外移,且极易受日灼伤害。光照强度不够的阴坡、沟壑等地,座果率低。因此在修剪中,参照冠径黄金分割率(系数0.62),将树冠最外面的叶幕层修剪成凹凸不平,参差不齐,波浪式形状,有效提高迎光面积和透光能力,增强叶幕内层的光照强度,即可防治强光日灼,又能提高产量和品质。

叶量的多少与有机物的贮藏和积累有密切的关系,因此保持适当的叶面积,对促进核桃果实的生长,提高单位面积上的产量有极其重要的意义。核桃树体叶面积的大小以叶面积系数来表示。叶面积系数是指叶面积和与投影土地面积的比值,即核桃树上各小叶片的面积和与树冠投影面积的比值。核桃树养分的生长量在一定的范围内,随着叶面积系数的加大而增加,但是超过这个范围,反而会降低,这是因为重叠的叶片过多不仅不能受光产生养分,反而会由于荫蔽呼气作用增加消耗养分。因此,测定核桃树叶面积系数显得非常重要。实践发现,每个核果正常生长需要 40～45 片小叶,叶面积系数保持在 6 左右有利于丰产。

第二节 核桃树修剪原理

一、"水渠论"原理

(一)"水渠论"的由来、概念和价值意义

"水渠论"是"果树生长与整形修剪原理假说——水渠灌溉理论"的简称。它是山西中农乐张文和在 30 多年果树培管基础上不断认识、实践、再认识、再实践而逐渐形成的,是经验与创新的结晶。

"水渠论",是以大家熟知的水流规律与现象,来认识与管理果树的假说。它使复杂抽象的果树栽培一下子变得形象化、具体化和简单化,变得看得见,摸得着,想象得到。它是用表象来比喻、认识、揭示和衍释果树生长发育的本质与规律的学说。它是研究果树、管理果树的一种方法论。

(二)"水渠论"的基本内容

一棵树相当于一个田园水渠自流灌溉系统。把一棵树视为一个水渠灌溉系统,大大小小、粗粗细细的干、枝、条,分别相当于主渠、支渠和毛渠。芽包括隐芽和不定芽,都相当于一个潜在出水口。根相当于水源。但注意,水渠灌溉的水,是由高出向低处流的,而树体的树液正相反,是从低处向高处、从基部向顶端流的,也就是树表现的顶端优势和向

上优势。

水渠流水灌溉过程，相当于果树生长过程。出水口流出的水，相当于芽萌发后生长出的新枝梢。如果出水口流出的水多，芽生长出的枝梢就长；流出的水少，芽生长的枝梢就短；如果流不出来水，芽就不能萌发而长不出枝梢。水流多远，相当于枝梢长多长；水往哪里流，相当于枝梢往哪里长。果树生长过程与水渠水流的特性高度吻合（图7-2）。

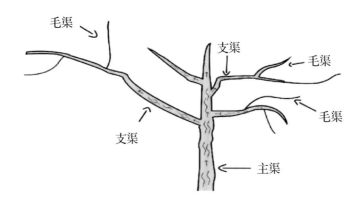

图7-2　水渠论（源于中农乐）

（三）一年的灌溉周期或生长周期

树液在根压和蒸腾作用下，从根通过主干、中干、各级大小枝条，最后输送到叶片、芽、果实和新梢，就相当于水在势能及动能作用下，通过主渠、各级支渠和无数毛渠来灌溉田园的过程。从春天树液流动，萌芽生长，相当于开始引水灌溉，到秋天树的停长冬眠，相当于灌溉结束，一年一个灌溉或生长周期。

冬季修剪时，水还没有来，相当于提前假想的灌溉，所以需要经验去预见疏、堵、合、分的流量方向及大小。夏季修剪相当于在果树的灌溉期进行。

（四）水渠灌溉与果树修剪反应

果树生长，相当水流灌溉；果树修剪，相当于灌溉中对水流疏、堵、分、合的综合调理。对果树进行各种整形修剪，一剪一锯、一拉一扭，就相当于一锹一锹开渠堵渠引水灌溉。

以流水的特性看修剪反应，技术员完全可以想象和把握。

现将修剪方法和修剪反应简述如下：

（1）放：枝条自然缓放不动。相当于水自然流动灌溉，人不去干涉它。

（2）截：剪掉一年生枝条的一部分。相当于把渠堵死，强行让水溢出，越近剪口芽，水流越强，增势越明显。

（3）缩：回缩到多年生枝处，也就是多年生枝的短截。相当于截断或堵死前边的渠，加大堵口处及后部分枝的流量。增流合势效果与剪锯口远近呈正相关。

（4）疏：从基部疏除掉一年生或多年生枝。相当于封堵掉支渠或分渠，把流量合并于母渠，正常作用是促前促后。如伤口过大过深或过多，相当于封堵了部分母渠，则有抑前促后的作用。

（5）伤：刻伤、环剥、环切、转枝、扭梢等，相当于不同程度、不同形式的节流或分流。

（6）变：是改变原来的形态或角度，调节水的流速和流量。如抬高角度往上拉枝，相当于往下坡引水，加大流量；如压低角度往下拉枝，相当于往上坡引水，减小流量。

另外，还有两种修剪方法混合使用情况的反应。如：扭梢、转枝，相当于"伤＋变"的反应。再如：留上芽（或下芽）截剪一年生枝，或留上枝（或下枝）缩剪多年生枝，则相当于"截（或缩）＋变"的反应。

二、极性原理

极性是指物体在相反部位或方向表现出相反的固有性质或力量，有向特定方向的倾向或趋势。

核桃树的极性原理表现在 3 个方面：一是顶端优势明显，即核桃树养分容易上行，累积于树梢顶端，形成强势枝、叶、芽，在幼树和初结果树表现明显。二是臂下枝生长快，核桃树剪口下的第 1 芽为臂下芽，受生长激素累积作用影响，则该芽萌发生长旺盛，在修剪中多用于幼树扩冠或结果树的枝组更新。三是养分优先强势，即核桃树在结果状态下养分优先果实，在没结果的状态下优先强势的枝、叶，在养分匮乏下优先枝叶保命。

三、势心说

（一）来　源

势心说是中农乐讲师张文和在多年果树培管的基础上总结出的培管理念学说，就是以树的"势"为核心，为纲领和根本依据，来认知与栽培管理果树的学说。它使果树栽培变得科学合理、简单容易和具体实际。

（二）势心说概念

势就是生长发育的状态和趋向，是树体各种生理活动、生长发育状况最直观的综合与反映，是树体生命力与价值的具体体现，是人与树沟通的桥梁和主渠道，是诊断树况、制定与检验一切栽培技术措施的最主要依据。它由生长的旺盛程度和健壮程度两部分组成。

（三）势的划分

生长的旺盛程度一般以枝梢生长的长短来衡量，可分为旺、中庸、弱 3 类。旺就是长

枝条多，树上一年生枝 >30cm 的枝达到 50% 以上；中庸是指 15～30cm 的枝达到 50% 以上；弱就是 <15cm 的枝达到 50% 以上。生长健壮程度一般以枝、芽营养积累的状况来衡量，可分为壮、一般和虚 3 类。中庸健壮就是我们最需要的目的树。

四、养分核心主线

在核桃培管的所有技术措施中，都是养分吸收、补充、调节、分配的应用，在休眠、萌发、开花、结果、落叶等生长中，养分起着核心主线作用，从 6 个方面进行理解：

第一：从养分构成来看，需要 16 种营养元素完整，不可缺失。在生产实践中就需要全营养元素施肥。

第二：从养分吸收来看，需要叶片健康、根系完整。生产实践中需要改良土壤，培养和保护根系，培育和保护健康叶片。

第三：从养分流通来看，通过"水渠"原理，指导修剪技术，构建养分流通渠道。

第四：从养分储存来看，需要培养合理的枝梢及角度，粗壮的枝条。

第五：从养分供应来看，养分及时集中供应，枝条就粗壮，芽体饱满，开花、结果就理想；供应量不足就出现枝条短小、细弱、瘪芽；供应不及时就会间隙性缺营养，引起落花、落果；供应滞后就诱发长枝。

第六：从养分的量来看，影响树势，影响病虫害的危害程度。植物体内某种养分的含量直接影响病虫害的发生几率，合理的含量可增强树体的抗性。

第三节　核桃树冬季修剪

冬季修剪就是根据核桃树的生理特性，运用一定的技术措施，构建核桃树体养分的合理分配骨架，诱发内膛发枝，培养成结果枝组，培育枝芽成花，提高产量和品质。

一、树势控制

核桃萌芽力弱而成枝力强，顶端优势明显，当年生直立枝可达 3～4m，内膛易光秃，结果部位外移。为合理分配树体营养，采取上弱下强的树势控制策略，即在修剪时结合核桃生产实际，为方便管理，树高控制在 3.5m 左右，对 3m 以上的强势头进行重回缩，顶端留以侧枝为主的弱枝弱芽带头，抑制核桃树的纵向生长，促进核桃树横向生长。

二、树形控制

核桃属于喜光植物，内膛枝组靠散射光也可以开花结果，但生长期过强的阳光易灼伤果实。所以通过修剪培育大量内膛枝，特别是 30cm 以内的中、短枝。不刻意追求树形，只要控制地上与地下、内膛与外围、树上与树下的营养分配达到均衡，因树成形，因势成形。

三、枝条的处理

核桃树是靠储存的养分萌发春梢并开花结果的，秋梢是靠春梢叶片生产的养分萌发的枝梢，因生长期短，木质化程度不够，其上的芽往往形成假花芽，不易保果。在生产实践中就是充分利用春梢，培养成结果枝或结果枝组。春梢上有花芽的，在修剪中以花芽带头，对于秋梢部分，考虑到花芽营养积存不够，在冬剪时一般都舍去。春梢老熟形成的花芽质量好，不容易落果。春梢营养供给充足，其抽生的枝条自然健壮，容易成花、坐果。强枝弱芽带头，弱枝强芽带头，长枝回缩侧枝带头，控制顶端优势，培养内膛粗短结果枝组。

四、修剪部位的分类

根据芽的特性和培养目标，将修剪部位精确到芽，将一根完整枝条的修剪部位细分为11个，即：基部、三芽、五段、春下秕、春饱、春上秕、帽、秋下秕、秋饱、秋上秕、梢尖生长点。

五、修剪技术的应用

在修剪中常用到带头、甩辫、戴帽等词汇。带头是根据剪口下第1芽的特性确定的，如剪口下第1芽为花芽，就叫花芽带头，是春饱芽就叫春饱芽带头。甩辫是指改变枝势的方向或枝梢延伸的方向。帽是春梢生长在夏季高温时减速或停止，行成一段盲节，待气温下降后又快速生长，该盲节称之为帽。在修剪中，常根据芽的特性以及需求目标，需灵活应用十三种修剪手法（图7-3）。

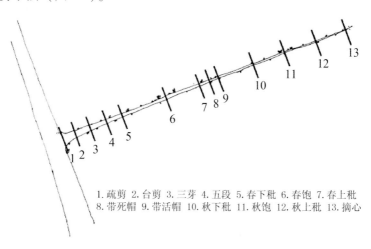

1.疏剪 2.台剪 3.三芽 4.五段 5.春下秕 6.春饱 7.春上秕
8.带死帽 9.带活帽 10.秋下秕 11.秋饱 12.秋上秕 13.摘心

图7-3　十三剪手法

（1）疏剪：从枝条基部剪除，与原母枝相平。此手法主要用于枯枝、病枝、重叠枝、强壮枝的疏除，同时也用于树顶端枝、上部枝的甩辫。

（2）台剪：从枝条基部疏除，与原母枝相距1～2cm左右，即保留枝条基部1～2cm左右，剪去其余部分。该手法主要用于留隐芽时修剪，留出一定空间，促进隐芽萌发。

（3）三芽：预留枝条3cm，剪去其余部分。该手法主要用于有生长空间的过壮枝，枝条势力强，利用3个秕芽或隐芽带头，长度为基部往上3cm左右，削弱枝势，填补空间。三芽剪后，一般枝梢生长到30cm左右后停止。

（4）五段：主要用于有生长空间的过壮枝，枝条势力强，利用多个秕芽或隐芽带头，长度为基部往上5cm左右，削弱枝势。五段修剪常利用填补有50cm左右的生长空间。

（5）春下秕：主要用于细弱枝结果枝组的培养，考虑枝条营养有限，花芽培养数量相应减少，修剪部位为春梢下部秕芽处。

（6）春饱：主要用于延长枝的培养，利用春饱芽强劲的生长能力，抽生粗壮枝条，扩大树冠或更新枝组，为来年培养结果枝组做准备，修剪部位为春梢饱满芽处。

（7）春上秕：主要用于粗壮结果枝组的培养，考虑枝条营养充足，相应增加花芽着生数量，增加挂果量，以果压冠，修剪部位为春梢上部秕芽处。

（8）戴死帽（盲节部位的1/2cm）：主要用于春梢花芽带头容易抽生徒长枝的枝条修剪，修剪部位为春夏交界处，利用春夏交界处的秕芽和隐芽带头，削弱枝条势力，促进后部春梢花芽形成结果枝。

（9）戴活帽（盲节部位前1～2cm）：主要用于春梢花芽带头容易抽生徒长枝的枝条修剪，修剪部位为春夏交界盲区的秋梢部分，利用盲区的秕芽和隐芽带头，削弱枝条势力，促进后部春梢花芽形成结果枝。戴活帽后，帽前、帽后都发芽成梢，但枝势减弱，趋于平衡。

（10）秋下秕：主要用于春梢质量不好的细弱枝结果枝组的培养，考虑枝条营养有限，花芽培养数量相应减少，修剪部位为秋梢下部秕芽处。

（11）秋饱：主要用于春梢质量不好的延长枝的培养，利用秋饱芽强劲的生长能力，抽生粗壮枝条，扩大树冠或更新枝组，为来年培养结果枝组做准备，修剪部位为秋梢饱满芽处。该手法多用于树冠下盘枝组，引导枝梢向外扩张，增强下盘枝势，减弱上盘枝势。

（12）秋上秕：主要用于春梢质量不好的粗壮结果枝组的培养，考虑枝条营养充足，相应增加花芽着生数量，增加挂果量，以果压冠，修剪部位为秋梢上部秕芽处。

（13）摘心（春梢的幼嫩尖）：摘心是核桃树增加枝量最有效的措施之一，当新生枝条长到8～10片叶时及时摘心，促其发枝，一根枝梢就可以培养成一个结果枝组。

六、修剪时间

宜昌地区核桃树伤流测试结果表明，在宜昌，10月下旬至11月上旬这个时间段伤流最小，其次为2月下旬至3月上旬。也就是说核桃冬季修剪的最佳时间应当是在伤流最小的时间段内进行，才能尽可能减少养分损失。所以此时间段为宜昌最佳的冬季修剪时间。同时分析比较，如果修剪过早，会剪除大量绿色叶片，减少光合作用，不利于秋肥的吸收和利用，不利于树体营养物质的积累和树势的恢复，影响次年的成花、坐果；如果修剪过晚，伤流增大，会削弱树势。若此阶段修剪不到位，可于次年2月下旬至3月上旬芽未萌发前开展春季复剪，但修剪的强度不易过大。

冬剪手法以短截、疏枝、回缩为主，与传统的核桃树修剪方法一致，但侧重于追求树体平衡，重点培养内膛枝和粗壮结果母枝，在修剪的部位上有所区别。根据实践，对核桃树枝条进行修剪后，剪口后40cm内可萌生新梢，除骨干枝外，核桃树修枝长度一般控制在40cm以内。根据枝条培养目标的不同，选择饱芽、弱芽，同时选择芽的方向，于芽上部2cm下剪，通过对芽的选择，控制来年枝的生长势和生长方向，以达到核桃树的整体营养平衡。对于过长的结果枝组，采取多次短截或疏剪前端枝的做法，让其变短，并多次甩辫，进一步促进树体营养向枝条后部积累，促进内膛发枝。与一般修剪方法相比，经过多年修剪后，核桃树不会出现明显的强枝、大枝，因此没有拉枝的必要。

七、不同龄期的树修剪方法

（一）1年生幼树

及时定干，定干高度为80cm（图7-4）。定干后，40~80cm段均有芽萌发成枝，培养为一级主枝。待每根主枝条生长达到10片叶时摘心1次，促进春梢多发枝即二级主枝。定干后树苗（包含砧木段）萌发的新梢要尽量保留，作为辅养枝培养，长度控制在40cm左右，有利于新梢叶片光合作用生产养分。冬剪时对每根枝条在其秋梢饱满芽处下剪，尽量留臂下饱芽，促进树冠扩张。

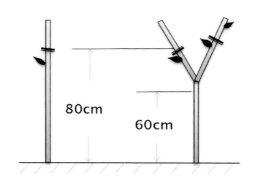

图7-4　1年生幼树修剪

（二）2年生幼树

培养目标是扩大树冠。在一级主枝上萌发的春梢即二、三级主枝。二级主枝待生长到10片叶时摘心1次，三级主枝待生长到8片叶时摘心1次，对每根春梢摘心促进多发枝，培养三级主枝或结果母枝，形成结果枝组。摘心后萌发的秋梢任其生长，冬剪时适度控制纵向强势头，对外围枝条选择秋饱的外芽或侧芽处下剪（图7-5），利用生长强劲的臂下枝和侧枝于来年迅速扩大树冠。对内膛枝选择秋下秕带头，弱化枝梢，形成结果枝组。

图 7-5　2 年生幼树修剪

（三）3年生幼树

培养目标为边扩冠边培养结果枝，以扩冠为主，兼顾来年结果枝组的形成。第3年生幼树的树冠小，形成的花芽少，多着生在短枝条顶端，为达到以果压冠的目的，春季管理中对于顶花芽短枝（30cm以内）可不摘心，让其结果，边整形，边结果，培养紧凑型树形，矮化树冠，便于管理，其他枝条均需留8～10片叶摘心1次。冬剪时要重点关注树势平衡，强枝弱芽带头，弱枝强芽带头，长枝回缩侧枝带头，控制顶端优势，培养内膛粗短结果枝组（图7-6）。同时，由于树龄较小，不易满负荷挂果，半负荷即可，要充分利用结果部位后的饱满花芽，从结果部位开始剪去前段秋梢和果台副梢，促使来年花芽萌发结果。

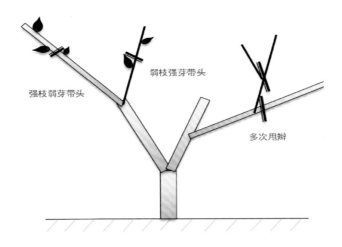

图7-6　3年生幼树修剪

（四）4年生初结果树

处于营养生长向生殖生长转化的关键时期，树体骨架形成，枝繁叶茂，修剪的主要目的是培养结果枝组。此时的树龄小，树势旺，通过培养大量的结果枝组，让其多结果，用果实来均衡树体营养的分配。春季修剪时主要利用春梢花芽结果，对落果、自闭的春梢不摘心，其余春梢留8～10片叶摘心。冬剪修剪对于顶端要控制强势头。对于春梢花芽要保留，以花带头。对于内膛结果母枝要尽量保留，视其枝势和生长空间进行三芽或五段剪，促使其来年萌发分枝，形成结果枝组。对外围秋梢视枝势和空间选择秋饱或秋下秕修剪，培养延长枝或结果枝组（图7-7）。

图 7-7　4 年生初结果树修剪

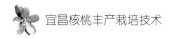

（五）5年生以上结果大树

通过修剪，人为改变了树体的营养分配，生殖生长旺盛，树冠扩张速度放缓甚至停止，树枝张开，外围枝多数都能成为结果枝，结果部位外移，生长和结果之间的矛盾成为树体生长的主要矛盾。若放任不管，内膛小枝由于营养缺乏就会枯死，大枝后部光秃，顶端优势显现。因此，培养和更新复壮结果枝组，维持生长和结果之间的平衡是关键，过高的头（≥3.5m）必须锯除，过长的结果母枝也必须回缩更新，让树体营养在内膛积存，促进树体内部发枝。

（六）多年生散生树

这种树一般栽植密度大，自然生长，树间竞争强，树体高、大、空，枝势瘦弱无劲，树形紊乱，结果部位外移，产量不高。其修剪目的是改造更新，培养内膛结果枝组。冬季修剪时控制强势头，通过1～3年的重回缩修剪将树高控制在3.5m左右，减除强势头、强势枝，用弱枝弱芽带头，促进内膛隐芽萌发成枝，迅速改变树形。需要注意的是，核桃树顶端较大的剪锯口会在来年不同程度地萌发出一部分新枝，必须及时疏除剪锯口周围的枝条，促进下部发枝。

第四节　核桃树夏季修剪

夏季修剪又叫生长季修剪，是在核桃芽萌发后至采果前对核桃树枝梢的技术处理。夏季修剪是对冬季修剪的一种补充和完善，对于平衡树势，促枝促花意义重大。

一、夏季修剪时间

每年的4～6月是核桃树夏剪的最佳时机，此时正是核桃树新生枝条迅速生长的时期，控制新梢长度，促进分枝，减少不必要的营养消耗，是冬剪后进一步平衡树势均衡营养的重要补充。

二、夏季修剪技术措施

（一）抹　芽

核桃树是利用储备营养发芽、展叶、开花、坐果和抽生春条。果树休眠后，其储备营养已经大部分储存在根部，冬剪时枝条虽已剪除，而储备信息犹在，春季发芽时储备营养仍会记忆性返回原处，诱发剪口部位其他芽抽生旺长条，特别是较大锯口或剪口周边，修剪反应敏感。修剪量稍大就会诱发更多旺枝生长，造成发枝多，营养消耗大，树冠郁闭，风光条件差，成花难、结果晚。如果不注意通过生长季节调整，会形成以条换条的恶性循环，既削弱了树势，推迟了结果，又为树体遗留了大量的伤疤，为后期腐烂病的发生留下隐患。在生长季节及时抹出锯口或剪口周边的嫩芽，就能及时控制储备营养回流，不会引起重刺激，减少修剪反应敏感度，控制诱发过多枝条旺长。

图 7-8　抹芽

（二）摘心

生产实践证明，抹芽优于疏枝，摘心好于短截，早截强于晚截，早处理早成形、早成花、早结果。在核桃树生长季节，要及早摘掉顶芽，控制生长强势头，及时调整枝梢的生长势。摘心是核桃树增加枝量最有效的措施之一，当新生枝条长到 8～10 片叶时及时摘心（图 7-9），促其发枝 1～3 枝，这样一根单一枝就可以转换为一个结果枝组。需注意的是，摘心只针对营养枝，已经挂果、落果或者顶芽自闭停梢的不用摘心。这是因为果实是生殖生长的象征，既是落果，也能说明该枝条已经进入生殖阶段，果实脱落后残留的果柄部位会萌发果台副梢，当年极易成花，次年结果。不要人为摘除生殖基因，诱发营养枝生长，

图 7-9　摘心

逼其进入营养生长阶段。顶芽自闭说明该枝已经停止生长，正处在营养积累培育花芽的关键时期，此时摘心，会诱发枝梢顶端侧芽萌发，抽空成花的养分，转入营养生长。

在宜昌地区，一般摘心后10~20d侧芽会萌生新的枝梢。顶芽越嫩，摘心后萌发新梢的间隔期越长，有的不萌发。枝梢停止生长的时间段越长，越有利于营养积累，花芽分化程度越高，越完全。所以，摘心时只能在幼嫩期进行，当顶梢木质化程度变高，用手不能掐断时就不能进行摘心。如此时采用剪刀剪除顶芽，就成了短截。枝梢短截会促使剪口下的芽快速萌发，抽生长枝条，会抽空原母枝储存的养分，使芽不能成花。所以，核桃树有夏季修剪不用"剪"之说。

对原母枝摘心后，萌发的新梢一般需生长45d左右才会停止生长，才会充分木质化后进行花芽分化。所以，对春梢只能摘一次心，摘心后侧芽萌发的新梢要放任不管，任其生长，有利春梢芽成花。即使再长，也不能再摘心，否则将促使春梢养分外溢不能成花。

（三）疏果台副梢

核桃开花结果或落果后，从果柄附近会抽生1~3根果台副梢。果台副梢的形成是随花芽分化时同步形成的，树体养分充足，形成的果条副梢越多，越长。在夏季修剪中，对果台副梢需先放任不管，待气温稳定在30度以上时（6月下旬），核桃枝梢生长放缓，可将结果枝上多余的果台副梢疏出，采取去强、去弱留中庸，一根结果枝留1~2根果台副梢即可。果台副梢的作用很多，一是梢上的叶片可生产养分，就近供应果实生长膨大；二是果台副梢的叶片可为果实遮挡太阳光，避免强阳光灼烧果实；三是果台副梢上的芽极易成花，会成为次年良好的结果母枝。

（四）拉　枝

拉枝就是将枝梢外开拉（图7-10），可增强枝梢的开张角度，降低枝组的生长势，有利枝组营养积累，促芽成花。拉枝的时间必须要在枝梢木质化程度较高时才能起到相应的效果。

图7-10　拉枝

（五）扭　梢

对较长的枝梢在幼嫩时轻轻扭动，轻微改变枝梢的生长方向，可促进扭动部位后端枝梢养分积累，促芽成花。在实践中常用于幼树。

第八章
核桃病虫害防控

核桃病虫害在全国各地都有发生，伴随核桃资源或先于核桃资源而存在。据不完全统计，核桃病虫害有 50 余种，其中虫害 30 余种、病害 20 余种。从全国分布情况来看，南多北少，区域性突出。各病虫害的本种危害范围不断扩大，变种不断增加。根据为害的主要对象，核桃病虫害分为食叶病虫害、食果病虫害、蛀杆病虫害、根部病虫害，任何一种病虫害都会对核桃树体造成伤害，既影响核桃树正常的生产和供应，也影响结果和保果。

宜昌地区多高温高湿天气，核桃树容易得病虫害，其中，核桃黑斑病、褐斑病、炭疽病、腐烂病、银杏大蚕蛾、核桃举肢蛾、核桃果象甲、木蠹虫有"核桃癌症"之称，是我们防控的主要对象（图 8-1）。

图 8-1　核桃树受病害情况

第一节　核桃病害主要种类及防控

一、核桃黑斑病

核桃黑斑病又名核桃细菌性黑斑病，也称之为顶端坏死症、黑星病、疮痂病等。2018年 7 月 8 日湖北霖煜农科技有限公司发布的检测结果显示，其病原菌主要由黄单胞杆菌（核桃黄极毛杆菌）、假单胞杆菌、芽孢杆菌属构成。在宜昌黑斑病防控研究中，也发现单一杀细菌性杀菌剂效果比混用杀菌性杀菌剂效果差。由此可见，黑斑病不是单一性的细菌性病害，而是细菌、真菌混合性病害。生产中黑斑病表现黑色小斑，不规则形状，病斑抚摸有光滑感，感染区域常被叶脉割断。

（一）危害症状

在嫩叶上病斑呈褐色，多角形，在较老叶上病斑呈圆形，中央灰褐色，边缘褐色，有

时外围有黄色晕圈，中央灰褐色部分有时形成穿孔，严重时病斑互相连接呈枯焦状。有时叶柄上亦出现病斑。枝梢上病斑呈长形，褐色，稍凹陷，严重时病斑包围枝条使上部枯死。果实受害时表皮初现小而稍隆起的褐色软斑，后迅速扩大渐凹陷变黑，外围有水渍状晕纹，严重时果仁变黑腐烂。老果受害只达外果皮。

（二）发病规律

病菌一般在病芽、病枝、病果、叶痕、鳞片、萼片内越冬，翌春分泌出细菌液，借助风雨传播，从气孔、皮孔、蜜腺及伤口侵入，主要为害叶片、幼果、嫩枝（图8-2至图8-4）。在4～30℃条件下，寄主表皮湿润，病菌能侵入叶片或果实。潜育期5～34d，在田间多为10～15d。核桃花期极易染病，夏季多雨时段发病较重，核桃举肢蛾危害造成的伤口易遭该菌侵染。

图8-2　黑斑病为害叶片状

图8-3　黑斑病为害嫩枝状

图 8-4 黑斑病病果

二、核桃褐斑病

核桃褐斑病由真菌侵染引起，病源菌为 Marssonina juglantisn，即真菌半知菌亚门腔孢黑盘胞目核桃盘二孢菌（盘单隔孢）。抚摸有粗糙感，潮湿的环境下长霉丝；病斑较大，中灰褐色，边沿暗黄绿色或紫色；中间纵向裂缝；连片卷枯。5～6 月保果期和夏季阴雨期是发生重点时期。

（一）危害症状

主要为害叶片、嫩梢。先在叶片上出现近圆形或不规则形病斑，中间灰褐色，边缘暗黄绿色至紫褐色。病斑常常融合在一起，形成大片焦枯死亡区，周围常带黄色至金黄色。病叶容易早期脱落。嫩梢发病，出现长椭圆形或不规则形稍凹陷黑褐色病斑，边缘淡褐色，病斑中间常有纵向裂纹。发病后期病部表面散生黑色小粒点，即病原菌的分生孢子盘和分生孢子。果实上的病斑较叶片为小，凹陷，扩展后果实变成黑色而腐烂。

（二）发病规律

病原菌以分生孢子在病芽、病枝、病果、叶痕、鳞片、萼片内越冬，借助雨水、风传播，从伤口、气孔、皮孔侵入，在阴暗和潮湿的地方容易滋生。越冬后的病叶和枝梢，在适宜温湿度条件下仍能产生孢子，随风雨传播。果实在硬核前易被病菌侵染，晚春初夏多雨时发病重。主要为害叶片、嫩梢（图 8-5 至图 8-6）。

图 8-5　褐斑病为害叶片状

图 8-6　褐斑病为害叶片状

三、核桃炭疽病

核桃炭疽病由半知菌亚门真菌胶孢炭疽菌侵染引起。病斑抚摸有粗糙感，潮湿的环境下长霉丝。病斑大，叶片小病斑呈同心圆状，大病斑不规则，果实病斑凹陷腐烂，流臭水。在宜昌6月下旬至8月高温高湿环境下易发生，日灼伤后极易发生，是为害果实最严重的病害。

（一）危害症状

核桃炭疽病主要为害果实，一般在每年6月中下旬开始出现危害果实的症状（图 8-7）。果实受害后，果皮上会出现褐色至黑褐色、圆形或近圆形的病斑，中央凹陷，病部有黑色小点产生，有时呈轮状排列。湿度大时，病斑小处呈粉红色突起，即病菌的分生孢子盘及分生孢子。发病重时，一个病果常有多个病斑，病斑扩大连片后导致全果变黑、腐烂达内果皮，核仁无食用价值。发病轻时，核壳或核仁的外皮部分变黑，降低出油率和核仁产量，或果实成熟时病斑局限在外果皮，对核桃影响不大。叶片感病后，病斑不规则，有的沿边缘1cm处枯黄，有的在主脉两侧呈长条形枯黄，严重时全叶枯黄脱落（图8-8）。苗木和幼树的芽、嫩枝感病后，常从顶端向下枯萎，叶片呈烧焦状脱落。

图8-7 炭疽病病果

图8-8 炭疽病为害叶片状

（二）发病规律

核桃炭疽病病菌以菌丝体在病叶、病枝、病果中越冬，成为来年初侵染源。病菌分生孢子借风、雨、昆虫传播，从伤口、自然孔口侵入，并能多次再侵染。发病的早晚和轻重，与高温高湿有密切关系，雨水早而多，湿度大，发病就早且重。植株行距小、通风透光不良，发病重。

四、核桃腐烂病

核桃腐烂病又称为"黑水病"，该病属于真菌性病害，属半知菌亚门真菌。主要为害枝干和树皮（图8-9至图8-10），流黑水，有臭气味，使树皮丧失传导功能，导致枝枯和结实能力的下降，甚至全株死亡。核桃腐烂病在同一株上的发病部位以枝干分叉处，剪锯口和其他伤口处较多，同一园中，结果核桃园比不结果核桃园发病多，老龄树比幼龄树发病多，弱树比壮树发病多。

（一）危害症状

核桃腐烂病主要为害枝干、树皮，因树龄和感病部位不同，其病害症状也不同。幼树主干和侧枝受害，发病后，病部深度达木质部，周围出现愈伤组织，呈灰色梭形病斑，水渍状，微肿起，手指压时，流出带泡沫的液体，有酒糟气味。中期病皮失水干陷，病斑上散生许多小黑点。后期病斑纵裂，流出大量的黑水，干后发亮，好似刷了一层黑漆，当病斑环绕枝干一周时，即可造成枝干或全树死亡。成年树受害后，因树皮厚，病斑初期在韧皮部腐烂，一般外表看不出明显的症状，当发现皮层向外留出黑液时，皮下已扩展为较大的溃疡面。营养枝或两年生侧枝感病后，枝条逐渐失绿，皮层与木质剥离，失水，皮下密生黑色小点，呈枯枝状。修剪伤口感染发病后，出现明显的褐色病斑，并向下蔓延引起枝条枯死。

图 8-9　腐烂病为害枝干状

图 8-10　腐烂病为害树皮状

（二）发病规律

该菌称胡桃壳囊孢，属半知菌亚门真菌。以菌丝体或子座及分生孢子器在病部越冬。翌春核桃树液流动后，遇有适宜发病条件，产出分生孢子，分生孢子通过风雨或昆虫传播，从嫁接口、伤口等处侵入，病害发生后逐渐扩展。生长期可发生多次侵染。春秋两季为一年的发病高峰期，特别是在4月中旬至5月下旬为害最重。一般管理粗放、土层瘠薄、排水不良、肥水不足、树势衰弱或遭受冻害及盐害的核桃树易感染此病。

五、核桃枝枯病

主要为害核桃枝干，造成枯枝和枯干（图8-11）。

图8-11　核桃枝枯病

（一）危害症状

多发生在1～2年生枝条上，造成大量枝条枯死，影响树体发育和核桃产量。该病为害枝条及树干，尤其是1～2年生枝条，病菌先侵害幼嫩的短枝，从顶端开始渐向下蔓延直至主干。被害枝条皮层初呈暗灰褐色，后变为浅红褐色或深灰色，大枝病部下陷，病死枝干的木栓层散生很多黑色小粒点。受害枝上叶片逐渐变黄脱落，枝皮失绿变成灰褐色，逐渐干燥开裂，病斑围绕枝条一周，枝干枯死，甚至全树死亡。

（二）发病规律

该菌属弱性寄生菌，以分生孢子盘或菌丝体在枝条、树干的病部越冬。翌春条件适宜时产生的分生孢子借风雨、昆虫从伤口或嫩梢进行初次侵染，发病后又产生孢子进行再次侵染。5～6月发病，7～8月为发病盛期，至9月后停止发病。空气湿度大和多雨年份发病较重，受冻和抽条严重的幼树易感病。生长衰弱的核桃树或枝条易发病，春旱或遭冻害

年份发病重。

六、核桃日灼病

日灼病一般在高温季节容易发生。特别在果实膨大期，向阳面日灼发生较多较重（图8-12）。各地都有不同程度的发生。

图 8-12　核桃日灼病

（一）危害症状

夏季如连日晴天，阳光直射，温度高，常引起果实和嫩枝发生日灼病，轻度日灼果皮上出现黄褐色大斑块，圆形或梭形，严重日灼时病斑可扩展至果面的一半以上，并凹陷，果肉干枯粘在核壳上，引起果实早期脱落。受日灼的枝条半边干枯或全枝枯，受日灼果实和枝条容易引起细菌性黑斑病、炭疽病、溃疡病，同时如遇阴雨天气，灼伤部分还常引起链格孢菌的腐生。

（二）发病原因

由高温烈日暴晒引起的生理病害。特别是天气干旱缺水，又受强烈日光照射，致使果实的温度升高，蒸发消耗的水分过多，果皮细胞遭受高温而灼伤。

（三）防治方法

夏季高温期间应在核桃园内定期浇水，以调节果园内的小气候，可减少发病。或在高温出现前喷洒2%石灰乳液，可以减轻受害。科学修剪，多让内膛枝结果，保留果台副梢，藏果于叶内。

七、膏药病

核桃膏药病是中国核桃产区的一种常见树干和枝条上的病害（图8-13），轻者枝干生长不良，重者死亡。除危害核桃外，还能为害栎、茶树、桑、女贞、油桐、梅、山茱萸及杨属等多种木本植物。

图8-13 核桃膏药病

（一）危害症状

在核桃枝干上或枝杈处产生一团圆形或椭圆形厚膜状菌体（图8-14），紫褐色，边缘白色，后变鼠灰色，似膏药状，即病原菌的担子果。

图8-14 核桃膏药病症状

（二）病 原

属于真菌中担子菌亚门的茂物隔担耳菌。担子果平伏革质，基层勤务丝层较薄，其上

由褐色菌丝组成的直立菌丝柱，柱子上部与担子果的子实层相连。子实层中产生的原担子（下担子）球形或近球形，直径 8～10μm。原担子上再产生长形或圆筒形的担子（上担子），大小为（25～35）μm×（5～6）μm，有 3 个隔膜，上生 4 个担孢子。担孢子无色，腊肠形，表面光滑，大小为（14～18）μm×（3～4）μm。

（三）发病规律

病原菌常与介壳虫共生，菌体以介壳虫的分泌物为养料。介壳虫则借菌膜覆盖得到保护。病原菌的菌丝体在枝干上的表面生长发育，逐渐扩大形成膏药状薄膜。菌丝也能侵入寄主皮层吸收营养。担孢子通过介壳虫的爬行进行传播蔓延，以菌膜在树干上越冬。土壤粘重，排水不良或林内阴湿，通风透光不良等都易发病。

八、核桃皱缩花叶病

（一）危害症状

有两种类型：一种是花叶病毒型，初期在叶片上出现黄绿相间的花叶斑驳，以后皱缩畸形，节间缩短，影响正常发育，使植株变矮小；另一种是蕨叶型，初期病苗叶片小而瘦长，叶缘不整齐，缺刻较多，呈蕨叶状，后期叶面凹凸不平，有时叶片上卷、扭曲。核桃叶片接触除草剂药液、或者地面土壤中累积除草剂药液残留，也会形成类似症状（图 8-15）。

图 8-15 核桃皱缩花叶病

（二）病 原

由病毒引起。

（三）发生规律

病毒远距离主要借病苗传播。病毒常由昆虫传播，如蚜虫、叶蝉等；此外，摩擦、嫁接也是病毒传播途径。一般高温干旱、日照强或缺水、缺肥、生长差、管理粗放的圃地发病重。如有传播媒介，病害发病重。

九、根部病害引起的叶片受损

核桃树根部受损，会在对应的叶片上有所反映。土壤含水量过高，根系缺氧，对应的叶片叶缘向内卷曲，时间较长就会形成似褐斑病的症状（图8-16）。在施肥、耕作中，根系受损都会在叶片上出现各种色斑。在生产中常将叶片对着光线透视，叶片正反面色斑完全重合的为病害，色斑不能重合的为根部受损，部分重合的为两者都有。在防治中，一定要考虑根系的健康程度，不能单一治疗叶片。

十、病害的防控措施

（一）强壮树势，增强抗性

要选择抗病品种，平衡施肥，开沟排渍等综合措施强壮树势，有效增强树体的抗性，从根本上预防病害。

图8-16　根部病害引起的叶片受损

（二）强化越冬管理

一是清园，在休眠前和萌芽前要清除树上枯枝、病枝、翘片、病斑、病果、病叶，地面的树枝、落叶、落果、杂草、秸秆、段木等，必要的要清除感染严重的。二是杀菌消毒，对树体刮斑痕区域涂高浓度的杀菌消毒药液（氟硅唑、过氧乙酸等），对芽、茎、秆及地面喷雾"杀菌药液＋增效剂"（氟硅唑、过氧乙酸、石硫合剂等）。

（三）注意伤口管理

对于一些修剪口、伤口要及时涂抹愈伤合剂，保护伤口，防止病菌侵入、雨水污染。对于吸汁液类的蚊子、蚜虫，食叶的害虫等虫害要强化预防，避免造成伤口。在田间管理中，既要预防机械损伤，也要预防人为造伤。

（四）做好病菌的预防和治疗

春季萌芽后叶片没完全展开时做好病菌预防工作，即用氟硅唑、清园剂等喷雾；在雌花开花前和花后要做好预防和治疗，常用氟硅唑类杀菌剂；发病后要用苯醚甲环唑或辛菌胺醋酸盐、甲基硫菌灵等杀菌剂治疗。

第二节　核桃虫害主要种类及防控

一、银杏大蚕蛾

（一）危害特征

银杏大蚕蛾又名白果蚕，俗称白毛虫。幼虫杂食性，除取食银杏叶片外，还取食核桃、板栗、枫杨、苹果等的叶片。发生严重时，能把整株叶子吃光，造成树冠光秃，种子减产，并影响次年的开花结实。个别受害严重的则会全树死亡。

（二）形态特征

成虫：属大型蛾类，翅展125～135mm，体长35～40mm。雄蛾触角羽毛状，雌蛾触角栉齿状。体灰褐色或紫褐色。前翅顶角近前缘处有一黑斑，中室端部有月牙形透明斑，翅反面呈眼珠形，周围有白色至暗褐斑纹；后翅中室端部有一眼形斑，眼珠黑色，外围有一灰色橙色圆圈及银白色的线两条，翅反而无眼形（图8-17）。

图8-17　银杏大蚕蛾成虫（源于网络）

图8-18　银杏大蚕蛾幼虫（源于网络）

幼虫：初孵时黑色，体被稀疏白色绒毛，后逐渐变密（图 8-18）。3 龄后体形明显增大，颜色渐变。4、5 龄后，幼虫分有绿和黑两种色型。绿色型气门上至腹中线两侧为淡绿色，毛瘤有 1～2 根黑色长刺毛，其余为白色刺毛。黑色型气门上线至腹部门中绒两侧为黑色，气门蓝色，体长密生白色长毛，毛瘤上有 3～5 根黑色长刺毛，其余为黑色

图 8-19　银杏大蚕蛾茧（源于网络）

短刺。虫体有毛束 2 对，由黄绿变为白色，着生于 4 个瘤上。除尾节外，各节两侧下主竖生一个蓝色椭圆形斑。虫幼体躯腹部 10 节，足 8 对，体长 100～200mm。

卵：长椭圆形，长径为 22～25mm，短径为 1.2～1.5mm，初产卵为灰褐色，孵化时转为黑色，有灰白色花纹。

蛹：外包被黄褐色坚硬的网状茧（图 8-19）。初化蛹时为黄褐色，接近羽化时，由黄褐色变为黑褐色。蛹长 40mm 左右，复眼呈棕色而凹陷，腹部第 5、6、7 三个节间由 3 条棕色带组成。

（三）发生规律

1 年发生 1 代，3 月孵化，7 月结茧，茧后 1 周羽化为成虫，9 月产卵越冬。卵期由当年 9 月中旬开始到次年 5 月约 240～250d。3 月底至 4 月初为幼虫活动期；幼虫期约 60d，7 月中旬开始结茧，经一周左右化蛹，蛹期约 40d，9 月上旬为成虫期，成虫羽化期约 10d，羽化后交尾产卵，从 9 月上旬开始到中旬产卵完成。一般产卵 3～4 次，一头雌蛾可产卵 250～400 余粒。卵集中成堆或单层排列，多产于老龄树干表皮裂缝或凹陷地方，位置在树干 1～3m 处。有的产于果园内或周边杂灌或草上。卵虫孵化很不整齐，初孵幼虫群集在卵块处，1h 后开始上树取食，幼虫 3 龄前喜群集，4～5 龄时开始逐渐分散，5～7 龄时单独活动，一般都在白天取食。一天中，以 10：00～14：00 取食量最大。

二、核桃举肢蛾

（一）危害特征

核桃举肢蛾属于鳞翅目举肢蛾科。俗称核桃黑或黑核桃。该虫是以幼虫为害果实，在果皮内纵横串食，虫道内充满虫粪，蛀入孔处出现水渍状虫胶，初期透明，后期变成琥珀色，被害处果肉被串食成空洞，果皮变黑，逐渐下陷，干缩，变黑，全果被蛀食空则变成黑核桃，脱落或干缩在树枝上（图 8-20）。该虫黄昏或清晨活动，产卵于果面、花萼残痕，

孵化后钻入果内啃食外果皮。趋光性弱，不易诱杀。

（二）形态特征

成虫：体长5～8mm，翅展12～14mm，黑褐色，有光泽。复眼红色；触角丝状，淡褐色；下唇须发达，银白色，向上弯曲，超过头顶。翅狭长，缘毛很长；前翅端部1/3处有1半月形白斑，基部1/3处还有1椭圆形小白斑（有时不显）。腹部背面有黑白相间的鳞毛，腹面银白色。足白色，后足很长，胫节和跗节具有环状黑色毛刺，静止时胫、跗节向侧后方上举，并不时摆动，故名"举肢蛾"。

幼虫：体长7.5～9mm，头部黄褐色或暗褐色，初孵化幼虫乳白色，老熟幼虫淡黄色，体背中间有紫红色斑点，腹足趾钩为单序环状（图8-21至图8-24）。

卵：体长0.3～0.4mm，长椭圆形，乳白色至黄白色，孵化前呈红褐色。

图8-20　果实危害症状

图8-21　核桃举肢蛾成虫

图8-22　果面爬行的幼虫

图8-23　危害果实的成熟幼虫

蛹：体长4～7mm，纺锤形，黄褐色。茧为椭圆形，长8～10mm，褐色，常粘附草屑及细土粒。

图 8-24 核桃举肢蛾幼虫及受害果

（三）发生规律

据长期观察，在宜昌核桃举肢蛾每年发生 1 代或 2 代，一年中有两个危害高峰，即 5 月上中旬和 8 月上中旬。5 月上中旬危害最严重，可引起大量落果；8 月上中旬危害不会落果，但驻食果实会诱发病害。从 9 月采收的果实中可发现举肢蛾幼虫。

核桃举肢蛾以黄褐色的蛹在树冠下 1～5cm 的表土层中越冬，也可在树冠下的杂草或秸秆基部结茧越冬。土层中的蛹在 4 月下旬化蛹出土为成虫，杂草或秸秆中的茧在气温 20℃左右即可破茧为成虫。

成虫雌雄异虫，吸食幼嫩汁液，早晚在树丛中飞翔。两周后即 5 月上中旬交配产卵，主要在果柄阴暗面、果叶交界面、两果交界面产卵，初为乳白色，3～5h 左右成肉红色，随后孵化为幼虫，长约 0.4mm 左右，头部黄白色。观察发现，核桃举肢蛾成虫虽能飞翔，但危害核果偏重羽化时的那棵树，具有专一性。

幼虫向果面爬行 0～10cm 后钻入幼果，多从幼果的侧面钻入，很少从果实向阳面钻入。幼果受害后立即流出清水，形似眼泪，有"核桃哭"之说。1h 后受危害果实表面萎缩。

幼虫在核果内生长很快，约 3～7d 时间果实脱落，削去果实表皮，发现幼虫在果实青果片层内纵横钻食，有的产出黑色粪便。幼虫长度达 1cm 左右，背面略显淡红色。

幼虫从脱落果实中爬出，钻入土层中休眠，完成 1 代生活史。从举肢蛾蛹出土到成熟幼虫入土约 45d，与核桃树授粉保果期相同。

从 9 月采收的果实中可发现举肢蛾幼虫。此时幼虫是 4 月羽化成虫再次产的卵，还是 5 月底入土老熟幼虫化蛹后再次羽化为成虫产的卵，有待讨论。

三、核桃果象甲

（一）危害特征

核桃果象甲又名核桃长足象甲，属于鞘翅目象甲科。主要危害核桃幼芽、嫩枝、幼果,尤以幼虫蛀食果实,造成6~7月份大量落果,甚至绝收,是核桃果实的头号敌人之一。果实被害后,外果皮有黑洞,果内充满棕黑色粪便,果仁被食。该虫白天活动,于果实阳面,直接用嘴钻孔后产卵入果核内,再用嘴吐沫封口。

(二) 形态特征

成虫(图8-25):体长10mm左右,黑褐色,略有光泽,密布棕色短毛。头管较粗,密布小刻点。触角膝状,着生于头管的1/2处。前胸背板密布黑色瘤状凸起。鞘翅上有明显的条形凹凸纵带,鞘翅基部明显向前凸出。

幼虫:老熟幼虫体长14~16mm,弯曲,肥大。头部棕褐色,其余部分淡黄色。

卵:长1.2~1.4mm,椭圆形,半透明,初产时黄白色,孵化前黄褐色。

图8-25 核桃果象甲成虫

蛹:长约10mm,初为乳白色,后变为黄褐色。

(三) 发生规律

1年发生1代,部分地方有2代(生活史不详),雌雄异虫。取食嫩芽、茎,果内孵化食核仁发育。以成虫在树干基部阳面的粗皮缝中或向阳处的杂草、表土层中越冬。翌年4~5月份,成虫开始出土活动,可飞翔或爬行上树取食芽,以作补充营养。成虫行动迟缓,飞翔力弱,有假死性,喜光,多在阳面取食活动。5月中旬前后开始交尾产卵。产卵前先在果面咬成约3mm深的卵孔,然后产卵于孔口,再调头用头管将卵送入孔底,又用淡黄色的胶状物将孔封闭。每果常产卵1粒。每头雌虫可产卵105~183粒,平均124粒。卵期3~8d。幼虫孵出后蛀入果内。4~5月发生的幼虫,在内果皮硬化前,主要取食种仁,蛀道内充满黑褐色粪便,种仁变黑,果实脱落;7~8月发生的幼虫多在中果皮取食,使果面留有条状下凹的黑褐色虫疤,种仁瘦小,品质下降。6月下旬开始化蛹,7月病果落地,幼虫爬出羽化为成虫,7月上中旬成虫羽化后在树上取食一段时间后,寻找场所越冬。

四、芳香木蠹蛾

芳香木蠹蛾属于鳞翅目木蠹蛾科,寄主于杨、柳、栎、核桃、苹果、香椿、梨等。

(一) 形态特征

成虫:体长24~40 mm,翅展80 mm,体灰乌色,触角扁线状,头、前胸淡黄色,中后胸、翅、腹部灰乌色，前翅翅面布满呈龟裂状黑色横纹（图8-26）。

卵：近圆形，初产时白色，孵化前暗褐色。

老龄幼虫：体长80～100 mm，初孵幼虫粉红色，大龄幼虫体背紫红色，侧面黄红色，头部黑色，有光泽，前胸背板淡黄色，有两块黑斑，体粗壮，有胸足和腹足，腹足有趾钩，体表刚毛稀而粗短（图8-27）。

蛹：长约50 mm，赤褐色。

图8-26　芳香木蠹蛾成虫（源于网络）

图8-27　芳香木蠹蛾幼虫

茧：长圆筒形，略弯曲。长50～70mm，宽17～20mm，由入土老熟幼虫化蛹前吐丝结缀土粒构成，极致密。伪茧扁圆形，长约40mm，宽约30mm，厚15mm，由末龄幼虫脱孔入土后至结缀蛹茧前吐丝构成，质地松暴。

（二）发生规律

2～3年1代，以幼龄幼虫在树干内及末龄幼虫在附近土壤内结茧越冬。5～7月发生，产卵于树皮缝或伤口内，每处产卵十几粒。幼虫孵化后，蛀入皮下取食韧皮部和形成层，以后蛀入木质部，向上向下穿凿不规则虫道，被害处可有十几条幼虫，蛀孔堆有虫粪，幼虫受惊后能分泌一种特异香味。

五、核桃刺蛾

刺蛾（Thosea sinensis（Walker））是鳞翅目刺蛾科昆虫的通称，大约有500种。分布全球，多数在热带。幼虫肥短，蛞蝓状。无腹足，代以吸盘。行动时不是爬行而是滑行。有的幼虫体色鲜艳，附肢上密布褐色刺毛，像乱蓬蓬的头发，结茧时附肢伸出茧外，用以保护和伪装。受惊扰时会用有毒刺毛螫人，并引起皮疹。以植物为食。在卵圆形的茧中化蛹，茧附着在叶间（图8-28）。刺蛾幼虫多被称为荆条虎、八角羊等（图8-29）。

图 8-28　核桃刺蛾茧　　　　　图 8-29　核桃刺蛾幼虫（源于网络）

（一）形态特征

成虫体长 13～18mm，翅展 28～39mm，体暗灰褐色，腹面及足色深，触角雌丝状，基部 10 多节呈栉齿状，雄羽状。前翅灰褐稍带紫色，中室外侧有 1 明显的暗褐色斜纹，自前缘近顶角处向后缘中部倾斜；中室上角有 1 黑点，雄蛾较明显。后翅暗灰褐色。卵扁椭圆形，长 1.1mm，初淡黄绿，后呈灰褐色。幼虫体长 21～26mm，体扁椭圆形，背稍隆似龟背，绿色或黄绿色，背线白色、边缘蓝色；体边缘每侧有 10 个瘤状突起，上生刺毛，各节背面有 2 小丛刺毛，第 4 节背面两侧各有 1 个红点。蛹体长 10～15mm，前端较肥大，近椭圆形，初乳白色，近羽化时变为黄褐色。茧长 12～16mm，椭圆形，暗褐色。

（二）发生规律

观察发现宜昌为一年两代。均以老熟幼虫在树杆枝丫处结茧越冬。宜昌地区 4 月中旬开始化蛹，5 月中旬至 6 月上旬羽化，以幼虫啃食叶片危害。第 1 代幼虫发生期为 5 月下旬至 7 月中旬。第 2 代幼虫发生期为 7 月下旬至 9 月中旬。成虫多在黄昏羽化出土，昼伏夜出，羽化后即可交配，2d 后产卵，多散产于叶面上。卵期 7d 左右。幼虫共 8 龄，6 龄起可食全叶。

六、核桃尺蠖

核桃尺蠖又叫木橑尺蛾（*Culcula panterinaria* Bremer et Grey），属于鳞翅目尺蛾科。分布在湖北、四川、河南、河北、山西、山东、台湾等省。木橑尺蠖是一种暴食性的杂食性害虫，已记录的寄主植物有 60 多种。特别是对核桃危害更为严重，并且在食光木本植物后，还可侵入农田危害棉花、豆类等农作物。

（一）危害特征

木橑尺蠖是核桃树上的害虫，主要为害核桃叶片，以幼虫食害叶片，具有暴食性，可以在几天内把叶片全部吃光，只留叶脉，失去光合作用，致使萌发二次芽，造成树势衰弱，影响核桃质量和花芽形成。幼虫常伸直在叶上或小枝上不动，俗称"棍虫"。

（二）形态特征

成虫：体长 17～31mm，翅展 45～78mm，翅体白色，头棕黄，复眼暗褐，触角雌丝状，雄短羽状。胸背有棕黄色鳞毛，中央有 1 浅灰色斑纹，前后翅均有不规则的灰色和橙色斑点，中室端部呈灰色不规则块状，在前后翅外线上各有 1 串橙色和深褐色圆斑，但隐显差异大；前翅基部有 1 个橙色大圆斑。雌腹部肥大，末端具棕黄色毛丛。雄腹瘦，末端鳞毛稀少。

卵：椭圆形，初绿渐变灰绿，近孵化前黑色，数十粒成块上覆棕黄色鳞毛。幼虫体长 70mm 左右，体色似树皮，体上布满灰白色颗粒小点。头部密布白色、琥珀色、褐色泡沫状突起，头顶两侧呈马鞍状突起。前胸盾前缘两侧各有 1 突起，气门两侧各生 1 个白点。胴部第 2～10 节前缘亚背线处各有 1 灰白色圆斑。

幼虫：体长 70～78mm，通常幼虫的体色与寄主的颜色相近似，体绿色、茶褐色、灰色不一，并散生有灰白色斑点。头顶具黑纹，呈倒 "V" 形凹陷，头顶及前胸背板两侧有褐色突起，全表多灰色斑点（图 8-30）。

蛹：长 24～32mm，棕褐或棕黑色，有刻点，臀棘分叉。雌蛹较大，翠绿色至黑褐色，体表光滑，布满小刻点。

图 8-30　核桃木橑尺蛾幼虫（源于网络）

（三）发生规律

在宜昌木橑尺蠖 1 年发生 1 代，以蛹在根部松土中越冬。越冬蛹在 5 月上旬羽化，成虫于 6 月下旬产卵。幼虫于 7 月上旬孵化，孵化适宜温度为 30℃ 左右，相对湿度为 70% 左右。幼虫很活泼，孵化后即迅速分散，爬行快；稍受惊动，即吐丝下垂，可借风力转移危害。初孵幼虫一般在叶尖取食叶肉，留下叶脉，将叶食成网状。2 龄幼虫则逐渐开始在叶缘危害，静止时，多在叶尖端或叶缘用臀足攀住叶的边缘，身体向外直立伸出，如小枯枝，不易发现。3 龄以后的幼虫行动迟缓。幼虫共 6 龄，幼虫期约 40d。每次脱皮前 1～2d 即停止取食，脱皮后有食皮现象。老熟幼虫即坠地化蛹。通常选择梯田壁内、石堰缝里、乱石堆中以及树干周围和荒坡杂草等松软、阴暗潮湿的地方化蛹，入土深度一般在 3cm 左右。在冬季少雪，春季干旱的年份，蛹自然死亡率高；5 月份降雨较多，发生率较高。成虫羽化的适宜温度为 24.5～25℃。成虫趋光性强，白天静伏在树干、树叶等处，易发现，尤其在早晨，翅受潮后不易飞翔，容易捕捉。在晚间活动，羽化后即行交尾，交

尾后 1 ~ 2d 内产卵。卵多产于寄主植物的皮缝里或石块上，块产，排列不规则，并覆盖一层厚厚的棕黄色绒毛。成虫寿命 4 ~ 12d。

七、核桃天牛

（一）危害特征

危害核桃的天牛主要以云斑天牛为主，云斑天牛又叫多斑白条天牛，属于鞘翅目天牛科，是一种危害性很大的农林业害虫。其成虫为害新枝皮和嫩叶，幼虫蛀食枝干，造成树木生长势衰退，凋谢乃至死亡，国内以长江流域以南地区受灾最为严重。

（二）形态特征

成虫（图 8-31）：体长 32 ~ 65mm，体宽 9 ~ 20mm。体黑色或黑褐色，密被灰白色绒毛。前胸背板中央有一对近肾形白色或桔黄色斑，两侧中央各有一粗大尖刺突。鞘翅上有排成 2 ~ 3 纵行 10 多个斑纹，斑纹的形状和颜色变异很大，色斑呈黄白色、杏黄或桔红色混杂，翅中部前有许多小圆斑，或斑点扩大，呈云片状。翅基有颗粒状光亮瘤突，约占鞘翅的 1/4。触角从第 2 节起，每节有许多细齿；雄虫触角超出体长 3 ~ 4 节，雌虫触角较体长略长。

图 8-31　核桃天牛成虫（源于网络）

幼虫：体长 70 ~ 80mm，乳白色至淡黄色，头部深褐色，前胸硬皮板有一"凸"字形褐斑，褐斑前方近中线有 2 个小黄点，内各有刚毛一根。从后胸至第 7 腹节背面各有一"口"字形骨化区。

卵：长约 8mm，长卵圆形，淡黄色。

蛹：长 40 ~ 70mm，乳白色至淡黄色。

（三）发生规律

该虫 2 ~ 3 年发生 1 代，以幼虫或成虫在蛀道内越冬。成虫于翌年 4 ~ 6 月羽化飞出，补充营养后产卵。卵多产在距地面 1.5 ~ 2m 处树干的卵槽内，卵期约 15d。幼虫于 7 月孵化，此时卵槽凹陷，潮湿。初孵幼虫在韧皮部为害一段时间后，即向木质部蛀食，被害处树皮向外纵裂，可见丝状粪屑，直至秋后越冬。来年继续为害，于 8 月幼虫老熟化蛹，9 ~ 10 月成虫在蛹室内羽化，不出孔就地越冬。

八、核桃扁叶甲

核桃扁叶甲（Gastrolina depressa Baly，1859）属于鞘翅目叶甲科，分布在甘肃、江苏、湖北、湖南、广西、四川、贵州、陕西、河南、浙江、福建、广东、黑龙江、吉林、辽宁、河北等，是一种发生普遍、危害严重、专食核桃叶片的害虫，树叶被食光的现象经常出现。连年危害时，造成核桃部分枝条或幼树死亡。

（一）形态特征

成虫（图 8-32）：体长 5 ~ 7mm。体型长方，背面扁平。前胸背板淡棕黄，头鞘翅蓝黑，触角，足全部黑色。腹部暗棕，外侧缘和端缘棕黄，头小，中央凹陷，刻点粗密，触角短，端部粗，节长约与端宽相等前胸背板宽约为中长的 2.5 倍，基部显较鞘翅为狭，侧缘基部直，中部之前略弧弯，盘区两侧高峰点粗密，中部明显细弱。鞘翅每侧有 3 条纵肋，各足蹫节于爪节基部，腹面呈齿状突出。

卵：长 1.5 ~ 2.0mm。长椭圆形，橙黄色，顶端稍尖。

幼虫：老熟幼虫体长 8 ~ 10mm。污白色，头和足黑色。胴部具暗斑和瘤起。

蛹：体长 6 ~ 7.6mm，浅黑色，体有瘤起。

图 8-32　核桃扁叶甲（源于网络）

（二）发生规律

在宜昌 1 年发生 1 代，以成虫在枯枝落叶层、树皮缝内越冬。在宜昌翌年 4 月上中旬越冬成虫开始活动，以刚萌出的核桃叶片补充营养。4 月下旬至 5 月上旬成虫开始产卵，每雌产卵量为 90 ~ 120 粒，最高达 167 粒。卵呈块状，多产于叶背，也有产在枝条上。数天幼虫孵化，初孵幼虫有群集性，食量较小，仅食叶肉。幼虫进入 3 龄后食量大增并开始分散危害，此时不仅取食叶肉，当食料缺乏时也取食叶脉，甚至叶柄。残存的叶脉、叶柄呈黑色进而枯死。幼虫老熟后多群集于叶背呈悬蛹状化蛹。

雌雄成虫有多次交尾和产卵的习性，于春秋核桃叶片幼嫩时产卵较多。新羽化成虫多于早晚活动取食。成虫不善飞翔，有假死性，无趋光性。成虫寿命年均320～350d。雌雄性比近1:1。10月以成虫入土越冬。

九、核桃小吉丁虫

核桃小吉丁虫，属于鞘翅目吉丁虫科。分布较广，以幼虫在2～3年生枝条皮层中呈螺旋形串食危害，被害处膨大成瘤状，破坏输导组织，致使枝梢干枯，幼树生长衰弱，严重者全株枯死。

每年发生1代，以幼虫在2～3年生被害枝条木质部内越冬。越冬幼虫5月中旬开始化蛹，蛹期平均30d左右，6月上中旬开始羽化出成虫（图8-33）。成虫羽化后在蛹室停留15d左右，然后从羽化孔钻出，经10～15d取食核桃叶片补充营养，再交尾产卵。成虫喜光，卵多散产于树冠外围和生长衰弱的2～3年生枝条向阳光滑面的叶痕上及其附近，卵期约10d。7月上中旬开始出现幼虫。初孵幼虫从卵的下边蛀入枝条表皮，随着虫体增大，逐渐深入到皮层和木质部中间蛀成螺旋状隧道（图8-34），内有褐色虫粪，被害枝条表面有不明显的蛀孔道痕和许多月牙形通气孔。受害枝上叶片枯黄早落，入冬后枝条逐渐干枯。8月下旬后，幼虫开始在被害枝条木质部筑虫室越冬。

 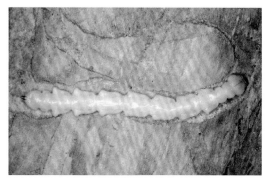

图8-33　小吉丁虫成虫（源于网络）　　图8-34　小吉丁虫幼虫（源于网络）

十、核桃吹棉蚧

（一）危害特征

吹棉蚧，吸食树体汁液，诱发煤烟病，引起落叶、枯梢、树势衰弱。

（二）形态特征

雌成虫：椭圆形，无翅，体长5～7mm，宽3.7～4.2mm，红褐色，背面隆起，有很多黑色细毛，体背覆盖一层白色颗粒状蜡粉（图8-35）。腹部附白色蜡质卵囊，囊上在脊状隆起线14～16条。

图 8-35　吹棉蚧成虫（源于网络)

雄成虫：体瘦小，长 3mm，桔红色，前翅狭长，黑色，后翅退化成钩状。

卵：长 0.7mm，宽 0.3mm，长椭圆形，桔红色，密集于雌成虫卵囊内。

幼虫：椭圆形，桔红色，背面覆盖淡黄色的蜡粉，触角黑色，第 1、2 龄时，触角 6 节，第 3 龄时 9 节。

雄蛹：体长 3.5mm 左右，桔红色，体上散生淡黄褐色细毛。触角、翅芽和足淡褐色。

茧：长椭圆形，质疏松，外敷白色蜡粉。

（三）发生规律

第 1 代成虫发生在 5～6 月，第 2 代在 7 月下旬至 8 月上旬，第 3 代在 10 月。一年发生 3～4 代。雌成虫以 4、7～8、10～11 月为最多。雌成虫大多集中固定一处，腹部末端分泌白色棉絮状蜡质，边分泌蜡丝边产卵。产卵期长达 1 月余。在自然情况下，雄虫数量极少，多营孤雌生殖。两次蜕皮后，换居一次。第 2 龄以后，逐渐转到枝干上聚居危害，吸食树液，同时排泄蜜露。

十一、核桃桑白蚧

（一）危害特征

桑白蚧属于同翅目盾蚧科，又名桑盾蚧、桃介壳虫，是南方桃、李、核桃树的重要害虫，以雌成虫和若虫群集固着在枝干上吸食养分，严重时灰白色的介壳密集重叠（图 8-36），形成枝条表面凹凸不平，树势衰弱，枯枝增多，甚至全株死亡。若不加有效防治，3～5 年内可将全园毁灭。

图 8-36　桑白蚧

（二）形态特征

雌成虫：橙黄或橙红色，体扁平卵圆形，长约 1mm，腹部分节明显。雌介壳圆形直径 2 ~ 2.5mm，略隆起，有螺旋纹，灰白至灰褐色，壳点黄褐色，在介壳中央偏旁。

雄成虫：橙黄至橙红色，体长 0.6 ~ 0.7mm，仅有翅 1 对。雄介壳细长，白色，长约 1mm，背面有 3 条纵脊，壳点橙黄色，位于介壳的前端。

卵：椭圆形，长径仅 0.25 ~ 0.3mm。初产时淡粉红色，渐变淡黄褐色，孵化前橙红色。

初孵若虫：淡黄褐色，扁椭圆形，体长 0.3mm 左右，可见触角、复眼和足，能爬行，腹末端具尾毛两根，体表有绵毛状物遮盖。脱皮之后眼、触角、足、尾毛均退化或消失，开始分泌蜡质介壳。

（三）发生规律

在本地每年发生 3 代，主要以受精雌虫在寄主上越冬。春天，越冬雌虫开始吸食树液，虫体迅速膨大，体内卵粒逐渐形成，遂产卵在介壳内，每雌产卵 50 ~ 120 余粒。卵期 10d 左右（夏秋季节卵期 4 ~ 7d）。若虫孵出后具触角、复眼和胸足，从介壳底下各自爬向合适的处所，以口针插入树皮组织吸食汁液后就固定不再移动，经 5 ~ 7d 开始分泌出白色蜡粉覆盖于体上。雌若虫期 2 龄，第 2 次脱皮后变为雌成虫。雄若虫期也为 2 龄，脱第 2 次皮后变为"前蛹"，再经脱皮为"蛹"，最后羽化为具翅的雄成虫。但雄成虫寿命仅 1d 左右，交尾后不久就死亡。

十二、虫害防控措施

（1）清园。秋冬季对核桃园子全园清园是防治虫害的关键性措施，可事半功倍。一是要刮掉树体上的病斑、翘皮、裂缝，剪掉枯枝、病枝、病虫、病叶。二是要清除园内所有的枯枝、落叶、落果、杂草、秸秆。三是要对树体、地面全园喷雾农药（图 8-37），对刮痕要涂药。要选择防虫卵、螨卵的杀虫剂。如单喷石硫合剂、多硫化钡等农药，也可毒死蜱杀虫剂、氟硅唑杀菌剂、扩展剂搭配使用。树体喷药要侧重芽体、叶痕、细枝等部位。地面喷雾要侧重树盘、石缝、田坎等部位。要实行两次清园，冬前一次，清除杂物后露出地面有利低温冻死越冬害虫或抑制病害；早春萌发前一次，杀灭早复苏的病虫，杀灭核桃芽萼片脱落后暴露的病虫。

图 8-37　冬季清园

（2）做好花前花后的预防。核桃园一定要做好雌花开放前和凋谢后的虫害预防工作。花前重防食叶害虫，花后重防食叶、食果害虫。

（3）地面封杀。4月中旬将紫丹（毒死蜱颗粒剂）拌细土撒于核桃园内，形成"毒土层"，预防核桃举肢蛾和果象甲出土。

（4）5月中旬和6月中旬各喷药防治一次（图8-38）。5月中旬防封杀后漏网的以及迁徙来的食叶、食果害虫和褐斑病，6月重点防食果害虫的二代。

图 8-38　夏季药防

（5）捡拾落果。在核桃结果至采收阶段，要及时捡拾地面各种原因掉落的果实，集中装袋（图8-39），密封置存2~3月，待虫果孵化死亡后挖坑深埋。深埋之时可喷洒杀菌

杀虫农药。深度60cm以上。捡拾落果可有效减少病虫源基础。

图8-39　捡拾落果

（6）生态防治。对核桃园种草，建立生物群落结构，丰富生物多样性，形成一个相对比较稳定的复合系统，为天敌的繁衍、栖息提供场所，增加天敌种类和数量，从而减少虫害的发生，经由虫害传毒引发的病毒类病害发生率也相应降低，起到生物防治的效果。

（7）其他措施。一是要避免药害。在进行药物防病虫时要注意药物浓度，注意搅拌均匀，注意喷药时间，不要人为造成药害病斑；二是要避免肥害。在施肥中，注意施肥部位、施肥方法，施肥深度，不要人为造成肥料"雷区"伤根，特别是毛细菌根；三是要避免机械损伤。部分枝叶机械损伤后，其伤口极易感染病虫害，对较大伤口要进行防伤流、杀菌消毒处理，对损伤的枝叶要及时治疗或清除。

第三节　化学防控

化学防控是指使用化学药剂防控病、虫、杂草等有害生物的一种方法，它是病虫害防控的最后一个环节，也是最重要、最关键的一环。由于化学药剂防控具有高效、速效、特效及应用简单等特点，所以目前核桃生产中应用最为普遍。但是，化学防控存在许多缺点：第一，长期广泛使用化学农药，会造成某些病虫产生抗药性，导致农药用量逐渐加大；第二，一些广谱性农药在杀灭病虫的同时，常常杀伤大量天敌，破坏了自然平衡及生态系统，造成了一些病虫的再猖獗发生；第三，有些农药性质稳定，不易降解，使用后残留量大且时间长，严重污染环境，对人、畜安全造成威胁；第四，使用不当还会导致发生药害。因此，合理使用化学药剂防控病虫害，是保证核桃健康良性生产、维护生态平衡并促进农业可持续发展的重要内容。在此重点对化学药剂分类及作用原理、化学药剂的毒性及其环境污染和化学药剂的科学使用与注意事项做解读。

一、化学药剂的分类及作用原理

化学防控是通过化学药剂来完成的，防控目标不同，选用化学药剂种类不同。核桃病虫害防控常用化学药剂按防控目标分为杀菌剂、杀虫杀螨剂、除草剂3大类。在此介绍杀菌剂、杀虫杀螨剂两种。

（一）杀菌剂

对病原微生物具有杀伤或抑制作用的化学物质统称为杀菌剂，核桃上常用的杀菌剂主要是杀真菌剂和杀细菌剂两大类。杀菌剂品种繁多，作用机制比较复杂，但其作用原理基本分为保护作用、治疗作用和铲除作用3种。

在病原物侵入核桃以前施用在植株表面，保护核桃不受病原物侵染的作用，称为保护作用，这类杀菌剂称为保护性杀菌剂，简称保护剂。保护剂的特点是不能进入植物体内，对已经侵入的病原物无效，必须在病原物侵入以前使用，且必须均匀周到地喷布在植株表面，病菌对保护剂不易产生抗药性。核桃上常用的保护剂主要有波尔多液、硫酸铜钙、克菌丹、石硫合剂、代森锌、代森锰锌、代森铵、福美双等。

通过进入植物体内杀死或抑制病原物，使植物保持或恢复健康的作用，称为治疗作用，这类杀菌剂称为内吸治疗性杀菌剂，简称"治疗剂"。治疗剂的特点是对已经侵入植物体内的病原物有效，能够治疗已经感病甚至已经发病的植物，但治疗剂多易产生抗药性。这类药剂许多品种具有相对专化性，且许多品种的内吸传导作用并不理想，使用时仍需均匀周到，并尽量早用。核桃上常用的治疗剂主要有多菌灵、甲基硫菌灵、三乙膦酸铝、戊唑醇、苯醚甲环唑、腈菌唑、烯唑醇、三唑酮、多抗霉素、硫酸链霉素等。

在果树休眠期使用，铲除或杀死在树体上潜藏或休眠病菌的作用，称为铲除作用，具有铲除作用的药剂称为铲除剂。铲除剂要求具有较强的渗透性，其特点是使用浓度高，杀伤力强大，但易造成药害，仅限休眠期喷施或生长期涂刷。核桃上常用的具有铲除作用的杀菌剂主要有石硫合剂、代森铵、硫酸铜钙等。

（二）杀虫杀螨剂

对害虫、害螨具有杀伤、引诱或驱避作用的化学物质统称为杀虫、杀螨剂，常分为杀虫剂和杀螨剂两大类，但有些化学药剂同时具有杀虫、杀螨双重作用。杀虫、杀螨剂种类繁多，按有效成分可分为有机氯类、有机磷类、拟除虫菊酯类、氨基甲酸酯类、酰胺类、植物源类、微生物源类、特异性昆虫生长调节剂类、性引诱剂类及其他类等。其作用原理也有多种，核桃上常用的杀虫、杀螨剂有胃毒作用、触杀作用、熏蒸作用、内吸渗透作用、性引诱作用、特异性昆虫生长调节作用等方式。

害虫（螨）吃了带有药剂的植物或毒饵后，药剂随同食物进入害虫（螨）消化器官，在消化器官内被害虫（螨）吸收，进而导致其中毒死亡的作用，称为胃毒作用。具有胃毒作用的药剂统称胃毒剂，如吡虫啉、辛硫磷、阿维菌素、灭幼脲、虫酰肼、高效氯氰菊酯、高效氯氟氰菊酯、苦参碱等。

药剂与害虫（螨）直接或间接接触后，透过体壁进入体内或封闭其气孔，使其中毒或窒息死亡的作用，称为触杀作用。具有触杀作用的药剂统称触杀剂，如氰戊菊酯、毒死蜱、啶虫脒、除虫脲、哒螨灵等。

药剂首先由液态或固态气化为气态，以气体状态通过害虫呼吸系统进入虫体，使之中毒死亡的作用，称为熏蒸作用。具有熏蒸作用的药剂统称熏蒸剂，如敌敌畏、毒死蜱、二溴磷等。

药剂喷施到植物表面后，能被植物体吸收或渗透到植物体内或浅层，甚至传导到植株其他部位，害虫（螨）吸食有毒的植物汁液或取食有毒的植物组织后而引起中毒死亡的作用，称为内吸渗透作用。具有内吸渗透作用的药剂如吡虫啉、啶虫脒、阿维菌素等。

导致同种昆虫异性个体间产生行为反应并聚集的作用，称为性引诱作用。具有这种特性的物质称为性引诱剂（性外激素）。核桃上常用的如核桃举肢蛾性诱剂、苹小卷叶蛾性诱剂等。

使昆虫的行为、习性、繁殖、生长发育等受到阻碍和抑制，进而诱使害虫停止为害并逐渐死亡的作用，称为特异性昆虫生长调节作用。具有这类活性的化学物质统称为特异性杀虫剂，核桃上常用的有灭幼脲、除虫脲、杀铃脲、虫酰肼、甲氧虫酰肼等。

应当指出，多数杀虫、杀螨剂具有两种或两种以上作用原理，但也有少数种类作用原理单一。

二、化学药剂的毒性及其环境污染

化学药剂是一类有毒的化学物质，在使用其防控病虫害的同时，可能会对人、畜及其他动物造成一定危害，并对环境形成一定污染，这是化学药剂使用过程中的副作用，也是对人类健康和农业可持续发展的严重威胁之一。

（1）化学药剂的毒性。农药对人、畜及其他动物的毒性分为急性毒性和慢性毒性两类。其中，急性毒性容易注意和预防，而慢性毒性较少被人注意。据研究，农药的慢性毒性主要有致畸、致癌、致突变作用，慢性神经中毒及对甲状腺机能的慢性损害等。农药对人、畜的毒性，主要通过其在农产品及环境中的残留进入人、畜体内，经常食用含有农药残留的农产品，则毒物逐渐积累，达到一定含量后，就会引起中毒症状。另外，有些毒物还可在某些动物体内逐渐积累，并达到很高的含量，人类食用这些动物后也会引起中毒现象。

（2）化学药剂的环境污染。经常使用某些农药，极易造成环境破坏和污染，并可杀死多种有益微生物及天敌，导致生态平衡受破坏，影响农业可持续发展。因此，首先应推广选用高效、低毒、低残留、专化性农药，逐渐淘汰高毒、高残留的广谱性产品。其次应注意农药的科学及安全使用，适宜浓度、适宜次数等。再次，积极研究去污处理的方法及避毒措施，尽量降低农药的毒害与污染。最后，大力推广生物防控技术、物理防控措施及农业生态防控，逐渐减少对农药的依赖。

三、化学药剂的科学使用与注意事项

科学使用化学药剂、提高防控效果、减少化学药剂残留、降低环境污染、保护生态平衡，是搞好化学药剂防控、生产无公害农产品、促进农业可持续发展的根本。

（1）避免造成药害。药害是药剂防控病虫害过程中的副作用表现，核桃上的药害表现主要有发芽迟、叶小、畸形、花器畸形、叶果等幼嫩部位产生各种枯斑或焦枯，落叶、落花、落果，枝条枯死，植株死亡等。

药害发生与否及发生轻重，与许多因素有关。第一，决定于药剂本身，一般无机农药最易产生药害，有机合成农药产生药害的可能性较小，生物源农药不易产生药害。同类农药中，乳油产生药害的可能性较大。另外，水溶性越强越易产生药害，但不溶于水的药剂在水中分散性越好，越不易造成药害。第二，与树体本身有关，不同部位、不同生育期对药剂的敏感性不同，一般幼嫩组织对药剂较敏感，花期抗药性较差，休眠期耐药性较强。第三，受环境因素影响，有些药剂高温容易产生药害，如硫制剂、有机磷杀虫剂等；有些药剂高湿环境易造成药害，如铜制剂等。第四，使用浓度越高或用药量越大越易发生药害；喷药不均、药剂混用或连用不当，也易导致药害。

（2）提高制空效果。效果高低是药剂防控成败的关健。

第一，必须对症下药，根据不同病虫种类选用相应有效药剂。昆虫是世界上种类最多的动物，属动物界——节肢动物门——昆虫纲。螨类（不是昆虫）属动物界——节肢动物门——蛛形纲。昆虫身体分为头、胸、腹3部分，"六足四翅"，体壁由几丁质组成。昆虫的各形态多变，昆虫的幼虫和成虫的体态和构造不同。幼虫在生长发育过程中，经过一系列显著的内部和外部体态和构造上变化，才能转变为性成熟的成虫。农业昆虫多分为：鞘翅目（叶甲、金龟子）、鳞翅目（蛾类、碟类）、同翅目（叶蝉、蚧壳虫）、直翅目（蝗虫、蟋蟀）、半翅目（椿象）、缨翅目（稻蓟马）、双翅目（蚊子、蝇类）、膜翅目（赤眼蜂）。各杀虫药的作用机理是不同的，没有一种杀虫药对所有的昆虫都起作用，也没有一种杀螨的药对各龄段螨（螨卵、若螨、成螨）都起作用，在选择时一定要仔细阅读农药相关说明，弄清防治对象和杀灭机理，选择、组合合适的农药。第二，要适期用药，根据病虫发生规律，抓住关键期进行药剂防控。第三，要科学用药，根据病虫发生特点选用相应有效方法。第四，根据病虫发生情况，合理混合用药及交替用药。第五，充分发挥综合防控作用，有机结合农业措施、物理措施及生物措施等。

（3）提高喷药质量喷药质量的好坏直接影响药剂防控效果，所以喷药时必须及时、均匀、细致、周到。尤其是核桃树都比较高大，喷药时应特别注意树体内膛及上部，应做到"下翻上扣、四面喷透"。

（4）防止病虫产生抗药性是化学药剂防控中存在的普遍问题，病虫产生抗性后，不仅需要加大药量、提高防控成本，还增加了农药残留、加剧了生态平衡破坏，同时还极易导致病虫害的再猖獗发生。所以，搞好化学药剂防控必须注意避免病虫抗药性的产生。首先应适量用药浓度，避免随意加大药量，降低农药的选择压力；其次，科学混合用药，利用药剂间的协同作用，防止产生抗性种群；最后，合理交替用药，充分发挥不同类型药剂的专化特点，防止抗性种群扩大。

（5）合理使用助剂。助剂是协同农药充分发挥药效的三类物质，其本身没有防控病虫活性，但可促进农药的药效发挥、提高防控效果。例如核桃叶片及果实表面带有一层蜡质，药液不易黏附或黏附力很差，若混用助剂后，可降低药液表面张力，增强药液黏附性，进而提高药剂防控效果。再如介壳虫类和叶螨类，表面也带有一层蜡质，混用某些助剂后，不但可以提高药液的黏附能力，还可增加药剂渗透性，提高杀灭效果。

（6）优质无公害农药选用原则。生产无公害果实，必须选择优质无公害农药。一般需要从7个方面考虑。一要注意安全，不能导致药害；二要低毒、低残留，尽量降低农药残留与污染，并避免对生态平衡的破坏；三要保证防控效果，选择高效药剂，充分控制病虫为害；四要耐雨水冲刷，充分发挥药效，减少用药次数；五要重成分、轻名称，参阅药剂有效成分名称进行筛选，不能被"百花齐放"的诱人名称所困惑；六要科学选用混配容药，充分发挥不同类型药剂的作用特点，避免产生副作用；七要有长远和全局观点，不能只顾眼前和局部利益。

第九章
低产园改造

总有一些核桃园由于品种选择问题、修剪技术、土壤管理等诸多因素，造成产量低、优质果不多、树形紊乱、病虫害严重等问题，形成低产园。还有劳力阶段性缺乏，没有管理或管理投入不足，荒芜严重，也形成低产园。对于这种低产园怎么改造呢？在此逐一解答。

第一节　品种更新

品种不对，努力白费。核桃品种对产量和效益起到决定性作用。在宜昌已栽植多年的核桃园，总有一些树丰产性好、抗性强、品质佳，还有一些只长树不结果或结果不多，商品性也差。选择适宜的品种进行改接，是目前最佳途径。

一、品种选择原则

（1）早实性：宜昌土地资源紧缺，不可能用上好的良田来发展多年不结果的核桃树，所以早结果成为核桃种植的第一选择。而且宜昌积温和光照两大主要因素决定，宜昌适宜发展早实核桃，北方早实品种更优。

（2）丰产性：有些品种虽为早实，但单芽结果或顶芽结果明显，产量不高，不能达到丰产的需求，也不是理想品种。要选择顶芽、腋芽都能结果的，每芽结果 3 个以上的，表现丰产性极佳的品种为上策。

（3）中短果枝型：核桃品种结果习性表现为中短结果枝居多，这种品种特性树势较中庸，短果枝多，容易形成立体结果，可以早产丰产，管理也容易。

（4）抗性强：有些品种虽早实、丰产，但抗性较弱，特别是不能抗倒春寒的也不能选择。

（5）商品性好：商品性指果实的像品美观，大小一致，壳厚适中，取仁较易，风味香甜等特征。核桃果实的商品性决定产值的高低，不容忽视。

（6）已实验栽培：选择的品种一定是在当地栽培，且表现较好的，不要盲目跟风，任人传说，一定要引种试验栽培，找到各方都比较优秀的品种。

二、品种选择的方法

（一）同园选择

原则上选园内已经存在的表现较好的结果树为保留对象，对其余表现较差的进行大树改接。

（二）乡土树种选择

选择当地多年栽植的，表现较好的品种。这种对象也要慎重，不要全园改接，可半园或少部分改接试栽培。乡土树种虽对气候的适宜性较强，但往往幼树期结实性表现较晚，需改接试栽培。

（三）外来引种

也可从外地引进较好的品种。建议选择经组织审定有良种证的核桃品种，而且不要盲目的大面积改接，要少量改接试栽培。各农户在外来引种方面不要仅寄托于种苗科研机构，不要盲目跟风，也不要裹足不前，而是要不间断地引进外来品种，在本地少量试栽，做好品种储备，为适应市场或主导市场做好储备工作。

三、品种改造的方法

（一）大树改接

对已选择好的品种，可采取无性繁殖方法对园内大树改接（图9-1），快速培养新的结果树冠。

图9-1　高接换优

1. 改接对象

在同等栽培技术前提下，对丰产性差、抗性弱、品质差的核桃树可进行改接，即品种改造。改接的对象要选择土层深厚、生长旺盛的树，对立地条件好，但由于长期粗放管理，使土壤板结，营养不良所形成的小老树，应先进行土壤改良、通过施肥、扩穴、深翻等措施促进树势由弱转强，树体复壮后再考虑改劣换优。

2. 改接品种

选择品种时一定要从丰产性、坚果品质、抗逆性及生物学特性等几方面考虑，无论是早实核桃或是晚实核桃，无论是定名的品种或是未定名的品种，都应选择丰产性强、坚果品质好、抗逆性强的品种。当地已经栽植表现较好的品种为首选对象。

3. 改接方法

一般来说，接穗和砧木的年龄越相近，嫁接成活率越高，所以对于 10 年以上的树建议选择芽接（图 9-2），10 年以内的树木可以选择枝接（图 9-3）。对分支点过高内膛空虚需要矮化的树一般选择芽接。

图 9-2　方块芽接　　　　　　　　　　图 9-3　枝接

定植多年的核桃树选择枝接改良品种，要谨防伤流。因根系保留完好，其根压较高，精水冲力旺盛，影响成活率。所以在嫁接前 3～10d 锯砧，且要在接口部位以下 20cm 间锯开放水口（槽），使伤流液从创口流出。也可刨断根系 1～2 根侧根，让伤流液从根系溢出。

4. 改接后的管理

大树改接后要注意管理，其内容参照芽接和枝接的管理方法。

（二）苗木繁殖

在现有核桃园内树下栽植新品种苗木，逐步更换园内大树。也可假植新品种树苗，待合适时间带冠移栽，一次性更换现有大树。

（三）疏株间伐

对园内被改造树木砍伐，栽植目标树种苗木，即能增加保留树木的受光性，又为新的目标树种腾出生长空间，逐步更新。

（四）授粉树种的配置

有些核桃树雌雄花期不遇，有的间隔期还很长，许多技术员和核桃种植户担心核桃雌

花因授粉不良影响结果，其实大可不必。

（1）核桃是风媒花，花粉借助风力作用能传输到较远的地方，可相互授粉。成片的核桃园内的核桃树受养分限制，总有部分雌雄花开放期同步，能起到相互授粉的作用，不需要刻意配授粉树。一些人因为核桃花期不同步，将授粉作为栽培的主要措施，有点夸大的嫌疑，授粉树配置的作用不是解决结果和保果的主要措施，是解决多结果、结好果的辅助措施。

（2）核桃有自花结实现象。核桃树属于雌雄同株、异花授粉，观察发现，同一株树的雌花能接受雄花的花粉。核桃结实有双核结实和单性结实方式，孤雌也能结实。

（3）二次雌雄花的补充作用。核桃树有二次雌雄花现象，特别是早实核桃。有人解释此为乱象，其实这是核桃适宜自然环境的本能反应。早实核桃萌发、开花、结实都较早，但气候变化无常，极易受倒春寒的影响。观察发现，核桃的二次雌雄花是随着头年花芽发育同步发育而成，并不是春季快速发育而成。核桃树花芽的开放整齐度受养分控制，总有一些雌花开放较迟，可赶上二次雄花的散粉时间，这是核桃树适应自然的选择。当然在结实性很好的情况下，对二次雄花需做疏除处理，有利于保果。

第二节　土壤改良

土壤改良是针对土壤的不良质地和结构，采取相应的物理、生物或化学措施，改善土壤性状，提高土壤肥力，增加作物产量，以及改善人类生存土壤环境的过程。核桃树大根深，因而需要土层深厚，一般1m以上，喜好土壤疏松和排水良好，地下水位在2m以下，土壤的pH适应范围6.2～8.2，最适pH为6.5～7.5，土壤的含盐量要求在0.25%以下。核桃是喜肥植物，核桃耐瘠薄土壤是不正确的说法。

一、土壤改良的目的

核桃土壤改良是根据核桃对土壤条件的要求，对拟营建核桃园的地块进行改造，或者是在不完全满足核桃适合生长的土壤条件下对已建核桃园的土壤进行改良。其目的是增加土壤有机质含量，改良土壤形状，提高土壤肥力。

二、土壤改良的基本途径

（1）水利土壤改良：建立农田排灌工程，调节地下水位，改善土壤水分状况，排除和防止沼泽地和盐碱化。

（2）工程土壤改良：如运用平整土地，兴修梯田，引洪漫淤等工程措施改良土壤条件。

（3）生物土壤改良：用各种生物途径种植绿肥、养鸡增加土壤有机质以提高土壤肥力或营造防护林等。

（4）耕作土壤改良：改进耕作方法，改良土壤条件。

（5）化学土壤改良：如施用化肥和各种土壤改良剂等提高土壤肥力，改善土壤结构等。

三、土壤改良措施

（一）土壤翻耕

土壤是核桃生存、生长、发育的基础，适宜的土壤条件和良好的土壤环境，才可能达到增强树势、提高产量的栽培目的。因此，在核桃园的生命周期内，应持之以恒地对核桃园进行深翻土壤（图9-4），中耕除草，以改善土壤结构，提高保水保肥能力，减少病虫害。土壤翻耕时间一般在果实采收后至落叶前进行，可结合施秋肥同步进行。此时翻耕需断根，可促发大量新根生长，有效促进根系更新。翻耕的深度一般分为深翻或浅耕两种，深翻深度为30cm以上，浅翻耕在20cm左右。深翻耕不必要年年进行，最好3年一个周期，与根系更新同步进行，可降低劳力投入。休眠期和生长期均不能翻耕，因冬季地温过低不利于根系更新，生长期翻耕会切断根系，不利于树体保果。

图9-4 土壤翻耕

（二）清沟排渍

核桃最忌地下水位过高，地下水位距地表小于1.5m时，核桃的生长发育就会受到抑制。因此，应充分重视核桃园的排水问题。核桃园的排水多采用明沟排水（图9-5），明沟排水系统由种植区内的集水沟和边缘的排水支沟组成。集水沟的纵坡应朝向支沟，支沟的纵坡应朝向干沟。干沟应布置在地形最低处，使之能接纳来自支沟与集水沟的径流。各级排水沟的走向最好相互垂直，但在两沟相交处应成45°～60°的角度，以利水畅其流，防止相交处沟道淤塞。开沟规格以沟深60～80cm、宽30～50cm为宜。

图9-5　掏排水沟

（三）增施有机肥

对于结果的核桃园，特别需要加强肥水管理，满足植株生长和发育的需要，不断地加固和完善树冠骨架，扩大结实面积，保持和增强结实能力，使营养生长和生殖生长保持相对平衡。有机肥能在较长时间内持续供给树体生长发育所需要的养分，并能在一定程度上改良土壤性质。有机肥主要以迟效性农家肥或生物有机肥为主，通常按树冠投影面积抽槽深施5～10kg/m²腐熟的农家肥或施1～2kg/m²的生物有机肥＋复合化肥（图9-6）。施生物有机肥和复合化肥时应当考虑两者的兼容性，以免降低生物有机肥中活性菌的活性。

图9-6　施生物有机肥

（四）合理间作

核桃生产周期比较长，短期内没有收益，核农往往忽视了核桃园管理，不耕难抚、不耕不抚，导致核桃园荒芜、死亡，效益低下。在核桃林下或林间采用林草、林菜、林药、林花、林粮等模式合理间作（图9-7、图9-8），既能以耕代抚又能以短养长，促进核桃产业的长远发展。

图9-7　核桃间作蔬菜

图9-8　核桃间作（源于网络）

间作就是林业与农业或其他种植业相结合的一种栽培形式。该方式利用不同林木、作物在生长发育方面的差异和互补关系、充分利用自然界的时差、空间、光照热量、地力等条件，不间断地获得较多产物，取得较高的经济效益。核桃园的间作一直受到科技工作者和生产者的重视，实践证明，核桃园特别是在幼树阶段进行间作，不仅可以充分利用地力和空间，提高经济效益，还可以实现当前和长远利益的结合，做到以短养长，在田间管理方面还能做到农林兼顾，节省人力物力。

核桃园合理间作要遵循以下原则：

（1）间作物不得影响核桃树生长。间作是促进增收和有效利用土地的辅助措施，因此，间作物必须有利于核桃树的生长发育，并服务和服从于核桃树体的发育和培养要求。

（2）应选择低秆类间作物。间作物应选择低秆类的矮冠、浅根性、无攀缘性作物，尽量避免与核桃树争水、争肥、争光。

（3）间作物的生长周期相对较短。间作物生长周期一般较短（不超过两年），且收获期早，尽量与核桃采收期错开。

（4）间作物与核桃无共同病虫害。间作物既不能成为核桃树病虫害的寄主，更不能传播和增加核桃病虫害。

（5）间作收益显著。间作物应具有较高的经济、社会、生态效益，同时便于生产和销售。

（6）应保证核桃树有充足的生长空间。要留出距树干至少1m的树盘或1～1.5m的空带，作为核桃树体水肥和土壤管理的营养带。随着树龄的增大和树冠的扩大，应逐年减少间作面积，扩大树体营养带面积。树体挂果郁闭后，间作只能选择耐阴作物。

（五）种草还田

种草还田就是在核桃园内生草。生草法是一项先进的果园土壤管理方法，在欧美、日本等地已广泛实施。果园生草法是指在核桃树盘外或者全园播种禾本科、豆科等草种的土壤管理方法（图9-9）。

图9-9　种草还田

生草的优点有：

（1）防止和减少土壤水分流失。草本覆盖地表，可防止地表土壤受雨水冲刷，吸收和保持水分。核桃园采用深根系和浅根系草相结合，雨季来临时，草能够吸收和蒸发水分，缩短核桃树淹水时间，增强了土壤排涝能力。旱季来临时，深层的水分随根系上行，增加地表适湿度，有效调节深层、表层土壤含水量的平衡性，既能保墒又能保肥，还能透气，有利于核桃树生长。

（2）改善土壤理化性质。核桃园生草有利于提高果园表层土壤有机质含量及其固碳潜力，增强了土壤对有机碳的保护和碳汇作用，有利于果园土壤微生物数量、活性的增加，以及多数土壤酶活性的提高。根系穿透力促进土壤物理性状向团粒状态转变，使土壤的容重下降、孔隙率增加，增加土壤通气透水性和蓄水保肥能力，增强土壤团聚体的稳定性等。且生草栽培时间越长，效果越显著。

（3）减少核桃树缺素症状。生草后，果园土壤中核桃树必需的一些营养元素的有效性得到提高，与这些元素有关的缺素症得到控制和克服，如磷、铁、钙、锌、硼等。

（4）减少农药的投入及农药对环境和果实的污染。核桃园生草改变了生物群落结构，丰富了生物多样性，形成了一个相对比较稳定的复合系统，为天敌的繁衍、栖息提供场所，增加了核桃树的天敌种类和数量，从而减少了虫害的发生，经由虫害传毒引发的病毒类病害发生率也相应降低，起到了生物防治的效果。这正是当前推广绿色果品生产所要求的条件。

（5）减小土壤温度变化幅度。生草后土壤疏松，根扎的深，表层根和深层根交替活动，既能延长根系活动时间确保根系生长，又能抗旱、抗涝、抗冻、抗热维持稳定核桃树功能，为生长和结果创造条件。

（6）减轻劳动强度，提高劳动效率。核桃园生草，一次性投入，节省年复一年的除草用工，也降低了化学除草剂的药物投入和劳务投入，减轻了劳动强度，提高劳动效率，还降低生产成本，维护和修复生态环境。

核桃园生草分为人工种植和自然生草两种方式。无论哪种方式，都需要对草本进行适当的割抚次数，割掉的草可直接覆盖在树盘下，也可园外堆沤积肥，还肥与田。

第三节　修剪改造

低产园改造在进行品种改造的同时，也要对保留树木进行修剪改造。改造理念是恢复树势，更新复壮。方法参照多年生大树修剪措施进行（图9-10）。

图9-10　修剪改造

低产园的核桃树树体基本已经停止扩大，结果部位逐渐外移，部分小枝开始枯死，出现隔年结果（大小年）现象。此时要维持各级骨干枝的从属关系，平衡树势，调节生长与结果的关系，改善光照，及时更新衰弱枝条，延长盛果年限，提高产量和品质。

对于生长在主、侧枝背后的下垂枝，生长往往强于主、侧枝，大量消耗营养，应回缩短截下垂部分，抬高角度，培养成为枝组，限定在一定的位置和空间。如无空间可彻底疏除，以保证主、侧枝的正常生长。

对于树冠内的大型枝组水平延伸过长、后部出现光秃时，应回缩短截到适当的分枝处，以促进后部萌发新枝，培养新的枝组。

对于交叉、密集、重叠的细小枝条，可适当疏除或回缩。树冠内发生的健壮发育枝，可用控直留斜、先放后缩的办法培养成中、小型枝组。

对于徒长枝，若部位和空间适宜可带帽短截，夏季摘心，促进分枝培养枝组。生长势较弱枝组应去弱留壮、去老留新，进行更新复壮。

衰老核桃树枝梢大量枯死，树冠缩小，产量下降，内膛发生较多徒长枝，出现自然更新现象。此时要进行更新骨干枝和枝组，恢复树势，延缓衰老。对于衰弱骨干枝选有分枝处适当回缩或选新萌发的徒长枝代替原来骨干枝，重新形成树冠。

核桃树潜伏芽的寿命较长，数量较多，回缩骨干枝后，潜伏芽容易萌发成枝，可根据需要进行选留、培养。对于大、中型枝组回缩短截到健壮分枝处，小型枝组去弱留壮、去老留新。树冠内出现的健壮枝和徒长枝，尽量保留培养成各类枝组，以代替老枝组。另外，应多疏去雄花序，以节约养分，增强树势。

第四节 病虫管理

低产园一般树势衰弱，病虫害较多，危害程度也严重，所以要特别注意防控。重点从以下几个方面开展病虫害防控。

一、寄主要净

树上的枯枝、病枝、僵果，地上的杂草、杂物等一切病虫可能寄生或藏匿的寄主都要清除干净，即做好清园工作（图9-11、图9-12），尽可能地清除现有的病虫源体，减少和降低危害的基数。

图 9-11　清理枯枝

图 9-12　清园效果

二、杀菌消毒

树体和地面病源体清除干净后，要及时用杀菌、杀虫农药开展杀菌消毒工作，彻底杀灭或控制病源体。在落叶期各农药使用倍率要高，要多次使用，一般入冬前、萌芽前各药防一次。要常年保证树干涂白（图 9-13），可有效防治蛀杆害虫产卵或危害，也可防治地面病菌和害虫沿主干上爬进行危害。地下土壤也要侧重杀菌消毒，多年没翻耕或灭杀病虫的有必要封杀一次。

图 9-13　树干刷白

三、综合措施恢复树势

强壮的树势是抗性的根本，也是结果的根本，必须采取综合措施恢复树势。以下措施要重点关注：

（1）施肥恢复树势。只有充足的肥料营养，才能确保树势恢复。

（2）排灌系统。要开沟排渍，疏通果园的围沟、主沟和支沟，确保地表径流能及时排除，干旱时节能及时补充水分。

（3）修复和保护根系。种草还田，割草不除根，严禁使用除草剂和旋耕机犁地，林间合理间作。

第十章
核桃采收与储存

第一节　核桃采收

核桃果实采收的最佳时期为青果皮由绿变黄，部分顶部出现裂纹，青果皮容易剥离，此时种仁饱满，幼胚成熟，子叶变硬，种仁颜色变浅，风味浓香。在成熟前一个月内核桃果实大小和坚果基本稳定，但出仁率与脂肪含量均随采收时间推迟呈递增趋势。有研究发现，青皮裂口比例与脂肪含量、蛋白质含量、出仁率显著正相关，与种仁含水量显著负相关，因此青皮裂口比例可作为核桃果实是否成熟的重要标志。当1/3的外皮裂口时即可采收，过早过晚均不利于核仁的品质。

核桃果实的成熟期，因品种和气候条件不同而异。同一品种在不同地区的成熟期有所差异，在同一地区的成熟期也有所不同，平原区较山区成熟早，阳坡较阴坡成熟早，干旱年份较多雨年份成熟早。

核桃采收适期非常重要，品种不同采收期不同。采收过早青皮不易剥离、种仁不饱满，单果重、出仁率和含油率均明显降低，使产量和品质均受到严重损失。采收过晚则果实容易脱落，同时青皮开裂后仍留在树上，阳光直射的一面坚果硬壳及内种皮颜色变深，同时也容易受霉菌感染，导致坚果品质下降。多品种核桃在同一个园内时，提倡分品种批次采收。

一、干核桃采收期

根据不同品种采收期种仁内含物变化的测定结果，应在青皮变黄、部分果实出现裂纹、种仁硬化时采收。部分农户静候树上掉核果，会因为捡拾不及时，核果及核仁都会受水分或霉菌感染变色，导致品质下降。

二、鲜食核桃采收期

鲜食核桃是指果实采收后保持青鲜状态时，食用鲜嫩种仁。鲜食核桃应早于干核桃采收，当果实青皮开始变黄采收最佳（图10-1），此时种仁含水量较高、口感脆甜，鲜食品质好。一般可在正常成熟前20d左右采收较好，采收过早鲜嫩的核仁剥离不易，可食部分较少，浪费较大。采收过迟，核仁老化，蛋白质含量会减少，营养功能作用会变化。

图 10-1　核桃果实采收

第二节　核桃初加工

一、青皮剥离

（一）机械脱青皮

利用机械动力剥离青皮的方法（图 10-2）。当前常用钢丝刷皮法、刀片切割脱皮法、挤压摩擦刮削脱皮法、刀片与钢丝刷结合脱皮法这 4 种方法脱皮。但是受核果成熟度、核果大小、核壳厚薄等因素的影响，机械脱青皮也有一些弊端，在间距、力度等方面不一致，造成部分核果脱皮不净、破裂等现象。随着核桃坚果品质的逐步规范和加工机械的进一步改进，未来机械脱青皮将成为主流。

（二）乙烯利脱青皮

乙烯利脱青皮就是利用乙烯利催熟的特性，加速青

图 10-2　核桃青果剥皮

皮熟化脱落的方法。目前市场应用广泛。将采收的青皮果分层喷雾或浸泡乙烯利水溶液，然后堆积成果堆，上面覆盖草帘等保温保湿，2～3d 后人工分离青皮或机械分离。在堆积期间，要保持温度在 30℃左右，相对湿度 80%～90%，可有效提高脱青皮的程度。此方法会有少量核果受污染，多实用成熟度较差或脱青皮较难的品种，对已经成熟或青皮已开

裂的核桃则不实用，会加大核果的污染程度，降低品质。实用此法要注意一是堆积期不宜过长，否则乙烯利水溶液会严重污染核果；二是覆盖物要透气，密闭的塑料或空间会加重核果污染。

（三）堆沤脱青皮

堆沤法就是采收后将果实及时运到庇阴处或室内堆沤覆盖 7～10d 后人工脱皮的方法，与乙烯利脱青皮方法相似，但堆沤时间较长。此法是农村常用的传统方法，要注意堆沤时切忌时间过长，否则青皮变黑，部分不易脱皮的核果应分拣后在此堆沤，对多次堆沤还不能脱皮的多为未受精而没有种仁的假果，没有价值可言，可放弃丢之。

（四）冻融脱青皮

冻融脱青皮就是利用温度差剥离青皮的方法。该方法就是在采收后，剔除病害果和虫害果，利用控温设备将鲜核桃进行 -20℃ 左右速冻，果实表面有冰渣侵入青皮，再升温到 0～5℃ ，再采用人工或机械剥离青皮。该方法多用于加工厂房，因需要温控设备。各农户食用少量的也可利用冰箱使用此方法。

二、清　洗

脱青皮后的坚果表面常残存有烂皮、泥土及其他污染物，应及时用清水洗涤，保持果面洁净。一般用高压喷头冲洗核果表面，也可用清水池迅速清洗。带有清洗功能的脱青皮机械也可用（图 10-3）。要注意一是清洗时间不宜过长，防治污水进入核果污染核仁；二是不要用漂白剂清洗核果，会降低核果品质。清洗后要及时晾晒或烘干。

图 10-3　核桃果实清洗

三、干　燥

经过脱掉青皮和洗净表面的坚果，应尽快进行干燥处理，以提高坚果的质量和贮运能力。国内核果干燥标准是坚果（壳和核仁）含水量应低于8%，高于8%时核仁易生长霉菌。在实践中可剥开坚果，手折内隔膜易断即可。

核桃常用干燥方法有自然晾晒（图10-4）和设备烘干两种方式。自然晾晒时坚果不能立即放在日光下暴晒，否则核壳会翘裂，影响坚果品质。应先摊放在竹席或其他通风透气的设备上晾半天左右，待大部分水分蒸发后再摊放在阳光下晾晒。坚果摊放的厚度一般不宜超过两层。晾晒过程中要经常翻动，以达到干燥均匀、色泽一致。干燥后的坚果含水量以8%以下为宜，此时坚果碰敲声音脆响，横隔膜极易折断，核仁酥脆。过度晾晒坚果重量损失较大，甚至种仁出油，降低品质。

图10-4　核桃果实干燥

宜昌采收期阴雨天气较多，需用烘干设备处理坚果。在烘干时，要遵循机械设备的使用说明，并结合实践确定堆放厚度、温度控制区间、翻动频率、烘干时间等要素。烘干温度过高、过低，时间过短、过长，堆果过厚或过薄，都会出现烘烤不均匀，烤焦或裂果等现象，造成品质下降。一般情况下坚果湿度较大，温度宜控制在25～30℃为宜，同时应保持通风，让大量水蒸气排出；当烤至四五成干时，降低通风量，加大火力，温度控制在35～40℃；待到七八成干时，减小火力，温度控制在30℃左右，最后用文火烤干为止。果实从开始烘干到大量水气排出之前不宜翻动，经烤烘10h左右，壳面无水时才可翻动。

第三节　坚果的分级包装与储藏

核桃作为一种坚果，坚硬外壳的保护使其耐贮性显著优于浆果和核果。但由于核桃仁中含有 65% 左右的脂肪，且脂肪中 90% 以上为不饱和脂肪酸，因此容易氧化而产生哈喇味，导致品质下降。只有采取适宜的贮藏方式，才能抑制核桃仁哈败变质并减少营养成分损失，使核桃仁在长时间内保持优良品质。

一、核桃坚果的等级

核桃坚果质量的优劣深受生产者、经营者、消费者和外贸部门的关注，不同坚果的品质具有不同的价格。新的质量等级分为特级、一级、二级、三级 4 个等级，每个等级均要求坚果充分成熟，壳面洁净，缝合线紧密，无露仁、虫蛀、出油、霉变、异味，无杂质，未经有害化学漂白物处理过（表 10-1）。

表 10-1　核桃坚果质量分级指标（GB/T20398 –2006）

项目		特级	I	II	III
基本要求		坚果充分成熟，壳面清洁，缝合线紧密，无露仁、虫蛀、出油、霉变、异味等，无杂质，未经有害化学漂白处理			
感官指标	果型	大小均匀，形状一致	基本一致	基本一致	
	外壳	自然黄白色	自然黄白色	自然黄白色	自然黄白色或黄褐色
	种仁	饱满，色黄白，涩味淡	饱满，色黄白，涩味淡	较饱满，色黄白，涩味淡	较饱满，色黄白或浅琥珀色，梢涩
物理指标	横径（mm）	≥30.0	≥30.0	≥28.0	≥26.0
	平均果重（g）	≥12.0	≥12.0	≥10.0	≥8.0
	取仁难易度	易取整仁	易取整仁	易取半仁	易取1/4仁
	出仁率（%）	≥53.0	≥48.0	≥43.0	≥38.0
	空壳果率（%）	≤1.0	≤2.0	≤2.0	≤3.0
	破损果率（%）	≤0.1	≤0.1	≤0.2	≤0.3
	黑斑果率（%）	≤0	≤0.1	≤0.2	≤0.3
	含水率（%）	≤8.0	≤8.0	≤8.0	≤8.0
化学指标	脂肪含量	≥65.0	≥65.0	≥60.0	≥60.0
	蛋白质含量	≥14.0	≥14.0	≥12.0	≥10.0

（1）特级核桃：果形大小均匀，形状一致，外壳自然黄白色，果仁饱满、色黄白、涩味淡；坚果横径不低于 30mm，平均单果质量不低于 12.0g，出仁率达到 53.0%，空壳果率不超过 1.0%，破损果率不超过 0.1%，含水率不高于 8.0%，无黑斑果，易取整仁；粗脂肪含量不低于 65.0%，蛋白质量达到 14.0%。

（2）一级核桃：果形基本不一致，出仁率达到 48.0%，空壳果率不超过 2.0%，黑斑果率不超过 0.1%，其他指标与特级果指标相同。

（3）二级核桃：果形基本一致，外壳自然黄白色，果仁较饱满、色黄白、涩味淡；坚果横径不低于 28.0mm，平均单果质量不低于 10.0g，出仁率达到 43.0%，空壳果率不超过 2.0%，破损果率不超过 0.2%，含水率不高于 8.0%，黑斑果率不超过 0.2%，易取半仁；粗脂肪含量不低于 60.0%，蛋白质含量达到 12.0%。

（4）三级核桃：无果形要求，外壳自然黄白色或黄褐色，果仁较饱满、色黄白色或浅琥珀色、稍涩；坚果横径不低于 26.0mm，平均单果质量不低于 8.0g，出仁率达到 38.0%，空壳果率不超过 3.0%，破损果率不超过 0.3%，含水率不高于 8.0%，黑斑果率不超过 0.3%，易取 1/4 仁；粗脂肪含量不低于 60.0%，蛋白质含量达到 10.0%。

二、核桃仁等级

核桃仁的优良品质是分级、包装和商品化的前提。核桃仁按颜色和完整程度可分为 8 个等级，分别是：白头路、白二路、白三路、浅头路、浅二路、浅三路、混四路、深三路。第一个字是指仁色，白为淡黄色，浅为浅琥珀色，混为浅色种仁，深为深色种仁；头路是指果仁为整果仁的 1/2，二路是指 1/4、三路是指 1/8（表 10-2）。

表 10-2　核桃仁质量分级指标（LY/T1922–2010）

等级		规格	不完善（%）≤	杂质（%）≤	不符合本等级仁允许量（%）≤	异色仁允许量（%）≤
一等	一级	半仁、淡黄	0.5	0.05	总量8，其中碎仁1	10
	二级	半仁、浅琥珀	1.0	0.05		10
二等	一级	四分仁、淡黄	1.0	0.05	大三角仁及碎仁总量30，其中碎仁5	10
	二级	四分仁、浅琥珀	1.0	0.05		10
三等	一级	碎仁、淡黄	2.0	0.05	φ10mm圆孔筛下仁总量30，其中 φ8mm圆孔筛下仁3，四份仁5	15
	二级	碎仁、浅琥珀	2.0	0.05		15
四等	一级	碎仁、琥珀	3.0	0.05	φ8mm圆孔筛上仁5，其中 φ2mm圆孔筛下仁3	15
	二级	米仁、淡黄	2.0	0.05		15

三、储　藏

（一）青果储存

市场上最常见的虽然是干制的核桃坚果。但近年来，采收后不经过脱青皮的核桃鲜果，由于果仁鲜嫩酥脆、无油腻感、营养损失少等突出特点，越来越受到消费者青睐。尤其在陕西、山西、河北等地青果鲜食市场火热，宜昌城区、秭归县、兴山县等地方兴未艾。然而，作为鲜果进入市场，青皮核桃货架期较短成为限制其规模销售的瓶颈。

青皮核桃在贮藏期间，含水量下降速度比脱青皮的湿鲜核桃要慢，这是由于青皮的存在起到了一定保鲜作用。但青皮核桃在贮藏期间的呼吸强度要远大于脱青皮后的干制核桃，因此，在贮藏过程中极易出现腐烂霉变、褐斑等情况（黄凯等，2009）。只有采取适当的冷藏措施，控制贮藏条件，才能使青皮核桃的耐贮性提高，从而延长货架期。影响青皮核桃冷藏效果的因素主要包括以下几个方面：

1. 温 度

在核桃的长期贮藏过程中首先要考虑的就是温度，因为低温能有效抑制核桃的呼吸强度。适宜低温条件可以延长贮藏期，但是贮藏温度并非越低越好，温度过低会引起果实的代谢失调和紊乱，导致冷害发生。

多数研究者认为核桃贮藏温度应该控制在 0~2℃ 为佳。郭园园等（2013）研究发现，当把青皮核桃置于（ -1 ± 0.5 ）℃条件下贮藏时，与（ 5 ± 1 ）℃、（ 0 ± 0.5 ）℃条件下贮藏的青皮核桃相比，其贮藏期可分别延长 45d 和 15d。对其含水量的下降、a*（色差值，正值表示偏红，负值表示偏绿）的升高、酸价的升高均有延缓作用，并可降低青皮核桃的呼吸强度，提高过氧化物酶（POD）活性，降低多酚氧化酶（PPO）活性，获得了较好的保鲜效果。

高书宝等（2008）研究发现，在室温条件下，青皮核桃比脱青皮的湿核桃失水缓慢，外果皮能起到很好的保鲜作用。室温下，湿核桃在 4d 时即完成全部失水量的 91.9%，而青皮核桃失水过程缓慢而均匀，失水首先表现为外果皮皱陷，同时伴有果仁黄化现象。当采用低温密封保存时，青皮核桃呼吸代谢受到抑制，经 28d 保存，青皮果的失水率也仅有 0.96%。另外，温度和创伤程度都直接影响核桃的保存期限，低温贮藏可减少青皮霉烂现象的发生，而青皮完好有利于长期保存。带果柄青皮核桃在 5℃ 低温密封贮藏，可保存 40d 以上不出现霉烂现象。

2. 相对湿度

相对湿度是影响核桃贮藏效果的关键因素之一。Hadorn 等（1980）认为，相对湿度为 50%~60% 是贮藏核桃的较佳条件。Kader 与 Labavitch（1989）建议贮藏核桃的相对湿度为 70%。冯文煜等（2013）将青皮核桃鲜贮的相对湿度设置为 60%~70%，结合自发气调贮藏（MAP）取得了较为理想的贮藏效果。相对湿度过高，易引起核桃的腐烂，而相对湿度过低，则会造成核桃的失水，尤其对鲜食核桃的贮藏影响更为明显。

3. 气体成分（自发气调包装）

自发气调（Modified atmosphere，MA）是采用对氧气和二氧化碳具有不同透性的薄膜密封包装来调节果实微环境气体条件以增强保鲜效果的方法。薄膜经特殊工艺制成，上面的微孔可以让密封袋内气体与空气适度交换而达到比较稳定的气体条件，从而实现小包装气调贮藏（MA）的效果。

贮藏中适度增加 CO_2 浓度可以防止核桃霉变腐烂的发生，但仅限于主动自发气调，若利用高 CO_2 脉冲处理则会加剧果实的腐烂。马惠玲（2012）等认为，当 MA 作用达到如 mPVC 袋的效果，即 O_2 体积分数 $\leqslant 10.1\%$、CO_2 体积分数 $\geqslant 3.0\%$ 时方可减少可溶性干物质的消耗，表现出对青皮核桃显著的保鲜作用。Thk－PE 袋的自发气调、保水能力均优于其他包装，并较其他包装更有效降低了核桃青果的呼吸强度、减少了乙烯生成，降低腐烂指数。Thk－PE 袋贮期内袋内气体体积分数达到 O_2 10.1%～13.0%，CO_2 4.3%～6.5%，可视为核桃青果适宜的自发气调保鲜条件，从而可知，核桃青果至少可耐 5% 左右的 CO_2。冯文煜（2013）等采取 PE30（30μm）、Thk－PE（45μm）、PE50（50μm）等 3 种不同厚度的改良聚乙烯膜包装处理，以地膜（6μm）包装为对照，在 0～1℃冷藏条件下进行研究，发现 PE50 自发气调能力及保水能力最强，使袋内 O_2 和 CO_2 体积分数分别达到了4.5%～5.0%、5.3%～5.7%，显著降低了青皮核桃呼吸高峰，抑制了乙烯释放。3 种包装的核桃仁保鲜率都在 97% 以上，并且越厚包装的核桃果实腐烂率越低。

另外，郭园园（2014）研究表明，厚度为 40μm 的 PE 膜包装处理，可有效降低果实霉腐率，延缓劣变进程，保持青皮核桃的原有水分和色泽，使青皮核桃的贮藏期延长至 90d。

4. 药剂保鲜

纳他霉素是一种天然保鲜剂，安全性高且具有广谱高效的抗真菌作用。据报道，纳他霉素在低浓度下就能有效抑制真菌生长，对几乎所有的真菌类都有很强的抑制性，已在香菇、乳制品、肉制品、果汁饮料、葡萄酒保藏上得到应用，效果较好。郭园园（2013）等研究发现，在冷藏温度（0±0.5）℃条件下，纳他霉素能够降低青皮核桃的霉腐率与延缓 a＊值的升高，能够延缓丙二醛（MDA）含量的增加，提高过氧化氢酶（CAT）活性，降低 PPO 和脂氧合酶（LOX）活性，从而提升青皮核桃对病原菌的抵抗能力，延缓衰老。其中，以 1000mg/L 纳他霉素处理的青皮核桃的保鲜效果最佳。

蒋柳庆（2013）的研究表明，二氧化氯（ClO_2）处理有利于青皮核桃的贮藏保鲜，具有潜在的应用价值。其中，浓度为 80mg/L 的 ClO_2 可以防止青皮核桃的生理衰老，抑制呼吸速率和乙烯生成，提高贮藏过程中总酚和总黄酮的含量，延缓青皮中含水量的下降。二氧化氯处理还可以延缓青皮核桃的腐烂进程，在贮藏 45d 后腐烂指数还小于 20%，且核仁品质几乎与初始时一样。

（二）坚果储藏

将采收后的核桃经过干制后进行贮藏的方式较为普遍，核桃坚果的外壳为核桃仁与外界之间提供了天然的屏障，其耐贮性显著优于鲜果、核果类果实，一些缝合线较紧密的核桃品种，其坚果在室温环境下可有 9 个月左右的货架期。核桃的硬壳结构、含水量等特性是决定其贮藏特性的内在因素。赵悦平（2004）探讨了核桃硬壳结构与核桃坚果品质之间的关系，发现核桃硬壳结构（缝合线紧密度、机械强度、硬壳密度、硬壳厚度、硬壳细胞大小）与坚果品质密切相关。一般来说，核桃品种不同，其硬壳结构存在较大差异。当缝合线开裂的坚果超过抽检样品数量 10% 时，则不能评为优级和一级，同时对核桃的耐贮性也带来不良影响。

为了更好地保证核桃的食用品质，延长其贮藏期和货架期，核桃坚果可通过通风库、冷库、气调库等方式进行贮藏。

1. 通风库贮藏

通风库贮藏只适合核桃短期存放，在常温下贮藏到夏季来临之前，核桃仁的品质能基本保持不变。首先对通风库进行防虫处理，每 $100m^3$ 的容积库可以用 1.5kg 二硫化碳熏 24h。核桃采收后，将脱去青皮的核桃置于干燥通风处晾干，装入布袋或麻袋置于库房内，下面用木板或砖石支垫，使袋子离地面 40～50cm。通风库内必须冷凉、干燥、通风、背光，同时要防止鼠害。

入通风库前，核桃含水量应降低至 7%～8%，此时，坚果的仁先由白变黄，隔膜易于折断，种皮与种仁不易分离。当核桃含水量低于 8% 时，其水分活度（Aw）一般小于 0.64，此时大多数微生物的生长繁殖受到抑制。Rockland 等（1961）研究表明，核桃含水量在 3.1%～4.0% 时，在贮藏过程中的感官品质变化很小。Koyuncu 等（2003）研究表明，核桃经自然干燥密封贮藏于（20±1）℃、相对湿度 50%～60%，贮藏期可达 1 年。

2. 冷库贮藏

坚果类在 0～10℃ 为比较适宜的温度范围，－10℃ 以下会发生冻害。低温环境是核桃进行长期贮藏的首要条件（黄凯，2009）。Hadorn 等（1980）认为，温度为 12～14℃，相对湿度为 50%～60% 的环境是贮藏核桃的最佳条件。Kader 与 Labavitch（1989）建议贮藏核桃的温度为 10℃，相对湿度为 70%。

核桃坚果果仁在冷藏条件下，也能取得较好的贮藏效果。A. Lopez（1995）对核桃仁在低温贮藏条件下品质变化进行了研究。结果表明，核桃仁在 10℃，相对湿度为 60% 的条件下，保质期可达 1 年，其物理、化学、感官等品质指标均在规定范围内。也有研究（王娅，1998）认为核桃仁在 1.1～1.7℃ 的冷藏柜中，保藏 2 个月仍不哈败变质，而含水量 3.3% 的核桃在 24℃ 下贮藏 30d 后，再包装在聚乙烯袋中，在贮温 0～1℃ 的库中可贮 1 年以上。

核桃的水分含量同样对冷藏效果产生影响，在 3～4℃ 的贮藏条件下，低含水量（5.89%）核桃的酸败程度比高含水量（12.77%）核桃的酸败程度明显减轻。这主要是较低的含水量能够使核桃的呼吸速率大大降低，同时减缓了油脂氧化。然而干燥并不能彻底阻止核桃酸败现象的发生，如果含水量过低，反而会增加酸败出现的可能性（马艳萍，2010）。因此，与通风库储藏要求相似，核桃在冷藏入贮前要将其水分降至 7% 左右。

3. 气调库贮藏

气调贮藏，其原理在青皮核桃贮藏部分已进行过论述，即借助农产品的呼吸代谢和薄膜渗气调节气体平衡，在包装袋内形成高 CO_2、低 O_2 体积分数的微环境，从而降低呼吸作用与水分蒸腾，减少营养损耗，延长贮藏寿命。

干制核桃对 CO_2 不敏感,高浓度 CO_2 和低浓度的 O_2 对核桃的贮藏有利。采用隔氧包装或充氮包装,能抑制微生物及虫害的繁殖危害,且能控制油脂哈败(黄凯,2009),从而延长核桃货架期。Mate 等(1996)在氧气浓度和相对湿度对核桃酸败影响的研究中发现,核桃分别在含氧量高(>21%)与含氧量低(<2.5%)的环境中贮藏 28d 后,产生明显差异,贮至第 42d 时,在氧含量高的环境中贮藏的核桃过氧化值和乙醛含量明显高于低氧环境中贮藏的核桃。Pernrille 等(2003)发现在带有氧气吸收装置条件下,核桃贮藏于 11℃ 以下,保存期为 13 个月。Jan 等(1988)研究发现,O_2 浓度低于 2.1% 时可以完全避免脂肪氧化及酸败现象的发生。

简易气调贮藏采用具备一定气调功能的纳米材料,同样可以取得理想效果。纳米材料作为包装材料,其性能体现在具有抗菌表面、低透氧率、低透湿率和阻隔 CO_2 等方面,张文涛等(2012)经研究证实,纳米材料包装属于自发气调包装,可以维持低 O_2 高 CO_2 的气体环境,在纳米包装材料中添加了纳米银、纳米二氧化钛,具有一定的抗菌、抑菌作用。

4. 栅栏技术

栅栏技术也称联合保存,联合技术或屏障技术,是多种技术科学合理地结合,通过各个保藏因子(栅栏因子)的协同作用,如水分活度、防腐剂、酸度、温度、氧化还原电势等,建立一套完整的屏蔽体系,以控制微生物的生长繁殖、抑制引起食品氧化变质的酶的活性,阻止食品腐败变质及降低对食品的危害性。

刘学彬等(2013)研究发现,核桃含水率、破碎程度、贮藏温度、充气情况、光照情况等栅栏因子对核桃理化性质均有不同程度影响。其中破碎程度、贮藏温度及光照情况在短时期内对核桃酸价、过氧化值影响较大;充气情况、含水率在长期贮藏中的影响会较为明显。

附件一：核桃管理周年历

物候期	月份	核桃园农事
休眠期	1月	1. 清园：刮出树干上的翘皮、病斑，用氟硅唑、过氧乙酸、愈合剂等杀菌消毒药液涂抹。 2. 捡拾落果：对地面遗漏落果捡拾装袋喷药密封储存。 3. 检修水利，疏通沟渠。 4. 维修农具，储备农资。
休眠期	2月	1. 复剪：要充分利用2月下旬至惊蛰节前的小伤流期完成核桃树复剪任务，对修剪没结束、越冬枯死的病枝、落头不到位的可进行修剪；采集嫁接用穗条，阴凉储存1周后腊封储存备用。 2. 春季清园：对树体和地面均匀喷雾氟硅唑、过氧乙酸等杀菌剂和毒死蜱等杀虫剂，进一步消灭越冬侥幸存活的病虫害。 3. 备战春季物资：含氮速效复合化肥（水溶性最佳）和预防为主的杀菌剂。 4. 疏雄：疏出过多的雄花，将伸手可及的地方全部疏掉，尽可能减少树体养分消耗，同时减少病虫害寄生地方。
萌芽期	3月	1. 补肥：可在萌芽前1周，对核桃树主杆涂肥（富含腐殖酸、黄腐殖酸的水溶性速效肥）。 2. 地面施肥：核桃树萌芽后10d左右，及时给核桃树地面施肥，以速效性氮肥为主，辅助中微量元素肥，在树冠滴水线部位枪施或冲施。 3. 花前预防病虫害：根据核桃树物候期决定，当核桃树叶片长到一半大小时要及时预防病虫害，用氟硅唑、甲基托布津、代森锰锌等预防性杀菌剂和毒死蜱杀虫剂以及叶面抗逆因子肥喷雾，预防病虫害，增强叶片抗逆性，促进花芽开放和受精。 4. 枝接：惊蛰节前后1周，可进行枝接，有利提高成活率。 5. 清除枯死枝：对确诊没有萌发的枯死枝进行清除，不留桩。
展叶 开花期	4月	1. 花前预防病虫害：物候期在本月萌发或开花的核桃树，要完成3月份安排的地面施肥、花前病虫害预防。 2. 地面封杀：4月上旬，对近3年没有进行地面封杀的核桃园开展1次地面封杀工作，即将毒死蜱颗粒或替代品拌细土撒在园内，轻耕地面，杀灭越冬害虫，预防核桃果象甲和举肢蛾出土。地面封杀视虫口密度，可3年一次。 3. 花后防治病虫害：部分早实核桃已开花授粉结束，要及时喷雾杀虫剂和杀菌剂，预防食叶害虫啃食叶片，预防核桃黑斑病、褐斑病入侵凋谢的花柱或果柄，树体和地面都要喷雾。 4. 叶面施肥保果：可结合花后预防工作将尿素、硼酸、磷酸二氢钾等保果肥喷雾叶面，连续3次，提高座果率。 5. 采穗圃和砧木园防病虫：对采穗圃和砧木园都要进行病虫害预防，防治叶片受损和病害危害，培养健康的母本材料。

宜昌核桃丰产栽培技术

（续）

物候期	月份	核桃园农事
生长期	5月	1. 割草：用割冠机割除园中的杂草。 2. 摘心：对尚未自闭的核桃营养枝摘心，促进分生侧枝，培养结果枝组。 3. 防控病虫害：侧重防控核桃举肢蛾和果象甲危害幼果，侧重食叶害虫危害枝叶，侧重黑斑病、褐斑病的危害，侧重枝干腐烂病危害和治疗。 4. 捡拾落果：对地面落果捡拾装袋喷药密封储存。 5. 嫁接：已枝接的要加强管理，控制萌蘖新梢的长势；绑杆防风；开展芽接工作和管理。
生长期	6月	1. 施壮果肥：采用枪施或冲施速效性高磷水溶性肥，促进花芽分化； 2. 梅雨季前预防病虫害：梅雨季前要全面预防果园病虫害，采用预防、治疗性杀菌剂和传导性杀虫剂预防核桃病虫害。 3. 割草：割掉生产旺盛的杂草。 4. 捡拾病虫果：捡拾地面落果、摘除树上病虫果，集中装袋喷药密封储存。 5. 嫁接苗的管理：芽接的补接、结膜、绑杆防风、病虫害防治。
生长期	7月	1. 梅雨季后防病虫害：梅雨季后要全面预防和治疗果园病虫害，采用治疗性杀菌剂和传导性杀虫剂预防核桃病虫害。 2. 捡拾病虫果：捡拾地面落果、摘除树上病虫果，集中装袋喷药密封储存。 3. 嫁接苗的管理：对萌蘖新梢控势、补接的结膜、绑杆防风、病虫害防治。
果熟期	8月	1. 补水：本月气温过高，需对干旱核桃园补水，采用喷雾灌溉方式最佳。 2. 防治病虫害：侧重防治炭疽病和食果害虫，部分食叶害虫也不容忽视。 3. 割草还田：割掉较深的杂草，堆积在树冠边缘腐化还田。 4. 采收：青果或早熟核桃可采收出售。
还阳期	9月	1. 采收核桃。 2. 施基肥：采收后根据平衡施肥原则重施基肥，此时施肥必须破土断根施，深挖20~40cm的半圆环长沟，施入有机肥＋复合化肥＋中微肥＋菌肥。 3. 整地回填：新建园整地，施足基肥后回填。 4. 防治病虫害：侧重防治食叶的病虫害，特别是对花芽破坏明显的刺蛾、小蠹虫等。
冬剪期	10月	1. 冬季修剪：霜降至立冬是修剪的最佳时期，此时控制强势头，培养花带头结果枝，带叶修剪。 2. 预防病虫害：此时许多病虫将进入冬眠，特别是青飞虱、蝗虫等是药防的关键期。 3. 核桃干果制作和包装储藏。
落叶期	11月	1. 清园：刮出树干上的翘皮、病斑，用氟硅唑或过氧乙酸涂抹。 2. 杀菌消毒：对树体和地面喷雾农药，对树干刷白。 3. 新建园植苗。
冬眠期	12月	1. 清园：及时完成清园任务，做好杀菌消毒工作。 2. 检修水利，疏通沟渠。 3. 维修农具，储备农资。

附件二：常见农药介绍

根据〈农业技术〉东坡农夫《农药这样混配，药效全无》（J/OL，2017-5-19）编写。

农药的合理混用，可以提高防治效果，延缓病虫产生抗药性，提高防治效果，减少用药量，防治不同病虫的农药混用还可以减少施药次数，从而降低劳动成本。如果混配不合理，轻则药效全无，重则产生药害。

一、农药混用次序

（1）农药混配顺序要准确，叶面肥与农药等混配的顺序通常为：微肥、水溶肥、可湿性粉剂、水分散粒剂、悬浮剂、微乳剂、水乳剂、水、乳油依次加入（原则上农药混配不要超过3种），每加入一种即充分搅拌混匀，然后再加入下一种。

（2）先加水后加药，进行二次稀释混配时，建议先在喷雾器中加入大半桶水，加入第1种农药后混匀。然后，将剩下的农药用一个塑料瓶先进行稀释，稀释好后倒入喷雾器中，混匀，以此类推（想药效好，就千万别偷懒）。

（3）无论混配什么药剂都应该注意"现配现用、不宜久放"。药液虽然在刚配时没有反应，但不代表可以随意久置，否则容易产生缓慢反应，使药效逐步降低。

二、农药混用原则

（1）不同毒杀机制的农药混用：作用机制不同的农药混用，可以提高防治效果，延缓病虫产生抗药性。

（2）不同毒杀作用的农药：混用杀虫剂有触杀、胃毒、熏蒸、内吸等作用方式，杀菌剂有保护、治疗、内吸等作用方式，如果将这些具有不同防治作用的药剂混用，可以互相补充，会产生很好的防治效果。

（3）作用于不同虫态的杀虫剂混用：作用于不同虫态的杀虫剂混用可以杀灭田间的各种虫态的害虫，杀虫彻底，从而提高防治效果。

（4）具有不同时效的农药混用：农药有的种类速效性防治效果好，但持效期短；有的速效性防效虽差，但作用时间长。这样的农药混用，不但施药后防效好，而且还可起到长期防治的作用。

（5）与增效剂混用：增效剂对病虫虽无直接毒杀作用，但与农药混用却能提高防治效果。

（6）作用于不同病虫害的农药混用：几种病虫害同时发生时，采用该种方法，可以减少喷药的次数，减少工作时间，从而提高功效。

三、农药混用的注意事项

农药混用虽有很多好处，但切忌随意乱混。不合理地混用不仅无益，而且会产生相反的效果。农药混用须注意以下几点。

（一）不改变物理性状

即混合后不能出现浮油、絮结、沉淀或变色，也不能出现发热、产生气泡等现象。如果同为粉剂，或同为颗粒剂、熏蒸剂、烟雾剂，一般都可混用。不同剂型之间，如可湿性粉剂、乳油、浓乳剂、胶悬剂、水溶剂等以水为介质的液剂则不宜任意混用。

（二）不引起化学变化

（1）包括许多药剂不能与碱性或酸性农药混用，在波尔多液、石硫合剂等碱性条件下，氨基甲酸酯、拟除虫菊酯类杀虫剂，福美双、代森环等二硫代氨基甲酸类杀菌剂易发生水解或复杂的化学变化，从而破坏原有结构。

（2）在酸性条件下，2，4-D 钠盐、2 甲 4 氯钠盐、双甲脒等也会分解，因而降低药效。

（3）除了酸碱性外，很多农药品种不能与含金属离子的药物混用。

（4）二硫代氨基甲酸盐类杀菌剂、2，4-D 类除草剂与铜制剂混用可生成铜盐降低药效。

（5）甲基硫菌灵、硫菌灵可与铜离子络合而失去活性。

（6）除去铜制剂，其他含重金属离子的制剂如铁、锌、锰、镍等制剂，混用时要特别慎重。

（7）石硫合剂与波尔多液混用可产生有害的硫化铜，也会增加可溶性铜离子含量。

（8）敌稗、丁草胺等不能与有机磷、氨基甲酸酯杀虫剂混用，一些化学变化可能会产生药害。

（三）具有交互抗性的农药不宜混用

如杀菌剂多菌灵、甲基托布津具有交互抗性。混合用不但不能起到延缓病菌产生抗药性的作用，反而会加速抗药性的产生，所以不能混用。石硫合剂、松碱合剂、机油乳剂相互存在渗透侵蚀与防护窒息的交互作用，不能混用。

（四）生物农药不能与杀菌剂混用

许多农药杀菌剂对生物农药具有杀伤力，因此，微生物农药与杀菌剂不可以混用。

附件三：常见农药及配方

一、主要药品简介

（一）杀菌剂

1. 石硫合剂

石硫合剂（lime sulphur）能通过渗透和侵蚀病菌和害虫体壁来杀死病虫害及虫卵，是一种既能杀菌又能杀虫、杀螨的无机硫制剂，可防治白粉病、锈病、褐烂病、褐斑病、黑星病及红蜘蛛、蚧壳虫等多种病虫害。保护、防治病害为主，对人、畜毒性中等。

石硫合剂药效高，石硫合剂结晶是在液体石硫合剂的基础上经化学加工而成的固体新剂型，其纯度高、杂质少，药效是传统熬制石硫合剂的2倍以上。药效持久，石硫合剂结晶其药效可持续半月左右，7~10d达最佳药效；低残留，石硫合剂产品分解后，有效成份起杀菌杀螨作用，残留部分为钙、硫等元素的化合物，均可被植物的果、叶吸收，它是植物生长所必须的中量元素；无抗药性，石硫合剂已有100多年的使用历史，无抗药性，它是一种廉价广谱杀菌、杀螨、杀虫剂。多硫化钙、多硫化钡可替代石硫合剂使用，有着更好的防护效果。核桃生产中在冬季清园和春季清园中可用高浓度倍率，效果较好；生长期使用需谨慎，高浓度对叶的伤害很大，可致叶焦枯脱落，一定要低浓度倍率使用；高温季节不得使用。

2. 氟硅唑

中文名称：氟硅唑，别名福星、克菌星等，英文名称：Flusilazole，化学名称：双（4-氟苯基）甲基（1H-1，2，4-唑-1-基亚甲撑）硅烷。氟硅唑是三唑类的内吸杀菌剂，主要作用机理是破坏和阻止病菌的细胞膜重要组成成分麦角甾醇的生物合成，导致细胞膜不能形成，使病菌死亡。具有保护和治疗作用，强渗透性，对子囊菌纲，担子菌纲和半知菌门类真菌有效，对落叶果树的黑星菌、白粉病菌，禾谷类的麦类核腔菌、壳针孢属菌、钩丝壳菌等，球座菌及甜菜上的各种病原菌，花生叶斑病，以及油菜菌核病高效。氟硅唑是同时含硅、氟离子的超高效、超强内吸性三唑类杀菌剂，具双向传导杀菌能力，尤其针对各种深藏于植物组织内的各种顽固性病菌有极强的灭杀效果。本品可与大多数杀虫剂、杀菌剂混用，但不可与碱性农药混用。使用时避开烈日和阴雨天，随配随用。在核桃中主要用于冬季枝干和地面杀菌，春季萌芽和花前对黑斑病的预防，夏季用于治疗褐斑病、预防炭疽病。实践花前使用效果明显。

3. 甲基硫菌灵

甲基硫菌灵是一种高效、低毒、低残留、广谱、内吸性杀菌剂，具保护和治疗两种作用。其作用机理是当该药喷施于植物表面，并被植物体吸收后，在植物体内，经一系列生化反应，被分解为甲基苯并咪唑－乙－氨基甲酸酯（即多菌灵）。干扰菌的有丝分裂中纺锤体的形成，使病菌孢子萌发长出的芽管扭曲异常，芽管细胞壁扭曲等，从而使病菌不能正常生长达到杀菌效果。纯品为无色结晶，难溶于水，对酸碱稳定。对高等动物低毒，对皮肤、黏膜刺激性低，对鱼类毒性低，对植物安全。该药品拥有很好的预防和治疗等效果。具备不错的渗透力，药效维持时间比较长，对白粉病、赤霉病、轮纹病、灰霉病、炭疽病、褐斑病、黑斑病等防治效果明显，同时还有保护和治疗双重效果，因此在市场中应用广泛。

甲基硫菌灵属于一种三唑类杀菌剂，它的杀菌范围非常的广泛，同时拥有很好的内吸性。能够快速地通过植物的叶片和根系吸收并在体内传导以及进行均匀分布，主要是对病原真菌体内甾醇的脱甲基化进行抑制，进而使生物膜的形成受到阻碍，从而导致病菌的死亡，是重要经济作物的种子处理以及叶面喷洒的杀菌剂。

该药品不能与含铜制剂混用或前后紧接使用，也不能长期单独使用。收获前14d停止使用，需贮存于阴凉干燥处。

4. 苯醚甲环唑

杀菌谱广，对子囊菌纲、担子菌纲和包括链格孢属、壳二孢属、尾孢霉属、刺盘孢属、球痤菌属、茎点霉属、柱隔孢属、壳针孢属、黑星菌属在内的半知菌病，白粉菌科、锈菌目及某些种传病原菌有持久的保护和治疗作用。对葡萄炭疽病、白腐病效果也很好。叶面处理或种子处理可提高作物的产量和保证品质。

该药品通过抑制麦角甾醇的生物合成而干扰病菌的正常生长，对植物病原菌的孢子形成强烈的抑制作用。具有内吸性，施药后能被植物迅速吸收。在防治病害过程中，表现出预防和治疗功效，耐雨水冲刷，药效持久。

由于铜制剂能降低苯醚甲环唑的杀菌能力，所以要避免二者混合使用；苯醚甲环唑有内吸作用，可以传送到植株各个部位，但为了保证药效，喷雾时一定要喷遍植株。

5. 辛菌胺醋酸盐

本品是一种烷基多胺类杀菌剂，含增效成份有机硅及咪咪类杀菌因子，是新一代高科技、环保型、高效广谱、低毒杀菌剂。杀菌广谱，具有内吸性和极强的渗透性，还具有向上、向下、双向输导作用，具有保护、治疗、铲除、调养4大功能。对杀灭细菌性病害一次完成，用药后3秒钟进入植物组织、10秒钟启动杀菌系统。该产品还具有高效、低毒、无副作用、无腐蚀性、无残留、使用安全、抗重茬、抗旱涝、解药害、增产增收等特点。可用于果树、蔬菜、瓜类、棉花、水稻、小麦、玉米、大豆、油菜、药材、生姜等多种作物由细菌、病毒、真菌引起的多种病害的防治。

6. 戊唑醇

中文名称：戊唑醇，英文名称：Tebuconazole。该化合物由德国拜耳公司于1986年最先开发成功。该品属于三唑类杀菌剂，是硫醇脱甲基抑制剂，是用于重要经济作物的种子处理或叶面喷洒的高效内吸性杀菌剂，具有保护、治疗和铲除功能，可有效防治禾谷类作物的多种锈病、白粉病、网斑病、根腐病、赤霉病、黑穗病及种传轮斑病、茶树茶饼病、香蕉叶斑病等。

7. 咪鲜胺

中文名称：咪鲜胺，中文别名施保克、菌百克、使百克、扑霉灵，英文名称：Prochloraz。咪鲜胺是一种广谱杀菌剂，对多种作物由子囊菌和半知菌引起的病害具有明显的防效，也可以与大多数杀菌剂、杀虫剂、除草剂混用，均有较好的防治效果。对大田作物、水果蔬菜、草皮及观赏植物上的多种病害具有治疗和铲除作用。

咪鲜胺主要抑制麦角甾醇的生物合成，使病菌细胞膜失去正常功能，从而导致病菌死亡。有保护和治疗作用，它对由子囊菌和半知菌所引起的多种病害具特效。虽不具内吸作用，但具有一定的传导作用。进入土壤的药剂，主要降解为易挥发的代谢产物，易被土壤颗粒吸附，不易被雨水冲刷。此药在土壤中对土壤内其他生物低毒，但对某些土壤中的真菌有抑制作用。该药品纯品为白色结晶，在常温及中性介质中稳定，对光、浓酸和碱性条件不稳定。对高等动物低毒，无任何致畸、致癌及基因诱变作用。可与其他药品合成复合制剂。

8. 代森锌

代森锌为保护性有机硫杀菌剂。纯品为灰白色粉末，工业品为灰白色或淡黄色粉末，有硫磺气味。在碱性、高温、潮湿、日光照晒条件下不稳定，不能与碱性农药及铜制剂混用。对人畜低毒，但对人的皮肤、鼻、咽喉有刺激作用。对植物安全无污染。代森锌对植物安全，化学性质活波，在水中易被氧化成异硫氰化合物，对病原菌体内含有—SH基的酶有强烈的抑制作用，并能直接杀死病菌孢子，抑制孢子的发芽，阻止病菌侵入植物体内，但对侵入植物体内的病原菌丝体的杀伤作用较小。应掌握发病初期用药，持效期较短。

9. 代森锰锌

代森锰锌，别名大生M45、大生富、喷克、新万生、山德生、丰收、大胜等，是一种广谱保护性杀菌剂，其作用机理是抑制菌体内丙酮酸的氧化。原药为灰黄色粉末，在高温时遇潮湿也易分解。对高等动物低毒，对人的皮肤和黏膜有一定刺激作用。该品为广谱的叶面保护用杀菌剂，广泛用于果树、蔬菜以及大田作物，可防治多种重要的叶部真菌病害。由于它用途广、药效好，已成为非内吸性的保护杀菌剂中的重要品种。与内吸性杀菌剂轮换使用或混用，可有一定的效果。注意该药不能与碱性物质或铜制剂混用，但可与多种虫剂、杀菌剂、杀螨剂混用。高温季节，中午避免用药。

10. 农用链霉素（硫酸链霉素）

农用链霉素为放线菌所产生的代谢产物，杀菌谱广，特别是对多种细菌性病害效果较好，对真菌也有防治作用，具有内吸作用，能渗透到植物体内，并传导到其他部位。对人、畜低毒，对鱼类及水生生物毒性亦很小。主要用于喷雾，也可作灌根和浸种消毒等。

（二）杀虫剂

1. 毒死蜱

毒死蜱是乙酰胆碱酯酶抑制剂，属硫代磷酸酯类杀虫剂，抑制体内神经中的乙酰胆碱酯酶 AChE 或胆碱酯酶 ChE 的活性而破坏了正常的神经冲动传导，引起一系列中毒症状：异常兴奋、痉挛、麻痹、死亡。具有触杀、胃毒、熏蒸三重作用，对水稻、果树、蔬菜、茶树等多种咀嚼式和刺吸式口器害虫均具有较好防效。混用相容性好，可与多种杀虫剂混用且增效作用明显（如毒死蜱与三唑磷混用）。与常规农药相比毒性低，对天敌安全，是替代高毒有机磷农药（如 1605、甲胺磷、氧乐果等）的首选药剂。杀虫谱广，易于土壤中的有机质结合，对地下害虫特效，持效期长达 30d 以上。无内吸作用，保障农产品、消费者的安全，适用于无公害优质农产品的生产。

在核桃果树中，毒死蜱主要用于防治食叶害虫和地面害虫，在核桃树萌发嫩叶期和土壤害虫蛰伏期作用明显，即 3～4 月萌发嫩叶及害虫出土期、7～8 月秋梢萌发嫩叶和害虫入土蛰伏期。

毒死蜱国内目前有乳油、颗粒剂、微乳剂等剂型。其中以 40% 乳油最多，多用于叶面喷雾，5% 的颗粒剂主要用于封杀防治地下害虫。

2. 阿维菌素

阿维菌素，英文名称 Avermectins，是由日本北里大学大村智等和美国 Merck 公司首先开发的一类具有杀虫、杀螨、杀线虫活性的十六元大环内酯化合物。阿维菌素是一种高效、广谱的抗生素类杀虫杀螨剂，触杀、胃毒、渗透力强，是一种大环内酯双糖类化合物，是从土壤微生物中分离的天然产物，对昆虫和螨类具有触杀和胃毒作用并有微弱的熏蒸作用，无内吸作用。但它对叶片有很强的渗透作用，可杀死表皮下的害虫，且残效期长。它不杀卵。其作用机制与一般杀虫剂不同的是它干扰神经生理活动，对节肢动物的神经传导有抑制作用，螨类成虫、若虫和昆虫成虫、幼虫与药剂接触后即出现麻痹症状，不活动不取食，2～4d 后死亡。因不引起昆虫迅速脱水，所以它的致死作用较慢。对捕食性和寄生性天敌虽有直接杀伤作用，但因植物表面残留少，因此对益虫的损伤小。对根节线虫作用明显。

阿维菌素多用于盛夏期的核桃树虫害防治。

3. 虱螨脲

虱螨脲是脲类杀虫剂，药剂通过作用于昆虫幼虫、阻止脱皮过程而杀死害虫，尤其对果树等食叶毛虫有出色的防效，对蓟马、锈螨、白粉虱有独特的杀灭机理，适于对除虫菊酯和有机磷农药产生抗性的害虫。虱螨脲药剂的持效期长，有利于减少打药次数；对作物安全，玉米、蔬菜、柑橘、棉花、马铃薯、葡萄、大豆等作物均可使用，适合于综合虫害治理。药剂不会引起刺吸式口器害虫再猖獗，对益虫的成虫和扑食性蜘蛛作用温和。药效持久，耐雨水冲刷，对有益的节肢动物成虫具有选择性。用药后，首次作用缓慢，有杀卵功能，可杀灭新产虫卵，施药后 2～3d 见效果。对蜜蜂和大黄蜂低毒，对哺乳动物虱螨低毒，蜜蜂采蜜时可以使用。比有机磷、氨基甲酸酯类农药相对更安全，可作为良好的混配剂使用，对鳞翅目害虫有良好的防效。

该药剂在核桃果树中多与阿维菌素混合使用，补充杀卵作用，对鳞肢目害虫如核桃果象甲、核桃举肢蛾等产卵害虫有明显的特效。

4. 氯氰敌敌畏

氯氰敌敌畏是有机磷与拟除虫菊酯类农药的复配剂，具有较强的胃毒、触杀、熏蒸和内吸作用。专门针对跳甲、叶甲、金龟等鞘翅目害虫的生理结构、生活习性及为害特点而研制开发，对咀嚼式和刺吸式口器害虫防效好。对害虫的成虫、幼虫和虫卵具有通杀作用，彻底消除其世代重叠和混合发生为害现象。其作用机制为抑制昆虫体内神经系统胆碱酯酶和神经轴突毒剂，可引起昆虫极度兴奋、痉挛、麻痹，并产生神经毒素，最终导致神经系统完全阻断而死亡。

5. 甲维茚虫威

甲维茚虫威是甲氨基阿维菌素苯甲酸盐和茚虫威的复合制剂，甲氨基阿维菌素苯甲酸盐可促进 γ-氨基丁酸释放，抑制神经传导，最终使氯离子通道活化，杀死害虫。茚虫威作用于昆虫神经系统钠离子通道，使害虫停止进食、行动失调、麻痹，最终死亡。对广谱性害虫具有触杀和胃毒作用，持效期长。

6. 高效氯氟氰菊酯

高效氯氟氰菊酯又叫三氟氯氟氰菊酯、功夫菊酯。它的药效特点，抑制昆虫神经轴突部位的传导，对昆虫具有趋避、击倒及毒杀的作用，杀虫谱广，活性较高，药效迅速，喷洒后耐雨水冲刷，但长期使用易对其产生抗性，对刺吸式口器的害虫及害螨有一定防效，作用机理与氰戊菊酯、氟氰菊酯相同。它以触杀和胃毒作用为主，无内吸作用。对鳞翅目、鞘翅目、半翅目等多种害虫和其他害虫，以及叶螨、锈螨、瘿螨、跗线螨等有良好效果，不同的是它对螨虫有较好的抑制作用，在螨类发生初期使用，可抑制螨类数量上升，当螨类已大量发生时，就控制不住其数量，因此只能用于虫螨兼治，不能用于专用杀螨剂。在虫、螨并发时可以兼治。

7. 吡虫啉

吡虫啉是烟碱类超高效杀虫剂，具有广谱、高效、低毒、低残留，害虫不易产生抗性，对人、畜、植物和天敌安全等特点，并有触杀、胃毒和内吸等多重作用。害虫接触药剂后，中枢神经正常传导受阻，使其麻痹死亡。产品速效性好，药后 1d 即有较高的防效，残留期长达 25d 左右。药效和温度呈正相关，温度高，杀虫效果好。主要用于防治刺吸式口器害虫。

8. 杀虫双

杀虫双（bisulap），沙蚕毒类杀虫剂，是一种神经毒剂，昆虫接触和取食药剂后表现出迟钝、行动缓慢、失去侵害作物的能力、停止发育、虫体软化、瘫痪、直至死亡。杀虫双有很强的内吸作用，能被作物的叶、根等吸收和传导。

杀虫剂分类（源于网络 文山书院）

杀虫剂类型	包含主要杀虫剂	杀虫特点
有机磷杀虫剂	甲胺磷、甲基对硫磷、乙酰甲胺磷、甲拌磷、马拉硫磷、毒死蜱、乐果、氧乐果、敌敌畏、特丁磷、二嗪磷、杀螟硫磷、杀扑磷、丙溴磷、喹硫磷、丁基嘧啶磷（用于土壤处理，毒性高）、噻唑磷、灭线磷、久效磷、三唑磷、硫线磷、乙硫磷、亚砜磷、亚胺硫磷、磷虫威、吡氟硫磷、cathsafos、AKD – 3088	是最常用的农用杀虫剂，具有广谱杀虫作用，对蚊、蝇、蜱、螨、虱、臭虫等有杀灭作用，兼有触杀、胃毒和熏蒸等不同的杀虫作用；气温高时药效好，其杀虫机理是抑制胆碱酯酶活性。多数属高毒或中等毒类，对人畜毒性一般较大。
拟除虫菊酯类杀虫剂	溴氰菊酯、高效氯氟氰菊酯、氯氰菊酯、联苯菊酯、顺式氯氰菊酯、S-氰戊菊酯、七氟菊酯、氟氯氰菊酯、己体氯氰菊酯、醚菊酯、氯菊酯、氰戊菊酯、氟胺氰菊酯、甲氰菊酯、杀螨菊酯、乙氰菊酯、溴氟醚菊酯、氟氯戊菊酯、四溴菊酯、γ-氯氟氰菊酯、丙氟菊酯、甲氧苄氟菊酯、四氟醚菊酯、XR – 100、protrifenbute、imidate	这类农药是一种神经毒剂，作用于神经膜，可改变神经膜的通透性，干扰神经传导而产生中毒。多属中低毒性农药，对人畜较为安全。
氨基甲酸酯类杀虫剂	甲萘威、灭多威（高毒）、克百威（高毒）、涕灭威、硫双威、丙硫克百威、丁硫克百威、杀线威、甲硫威、仲丁威、苯氧威、苯硫威、抗蚜威、恶虫威、棉铃威、伐虫脒、异丙威、呋线威、灭杀威、乙硫苯威、残杀威	胆酰酯酶抑制剂。多数品种速效，残留期短，选择性强，对叶蝉，飞虱，蓟马，玉米螟防效好，有的品种毒性高。
沙蚕毒素类杀虫剂	杀螟丹、杀虫双、杀虫单、杀虫环、杀虫蟥、多噻烷	是人类开发成功的第一类动物源杀虫剂。可用于防治水稻、蔬菜、甘蔗、果树、茶树等多种作物上的多种食叶害虫，钻蛀性害虫，有些品种对蚜虫、叶蝉，飞虱、蓟马、螨类等也有良好的防治效果。
烟碱类杀虫剂	吡虫啉、噻虫嗪、啶虫脒、烯啶虫胺、噻虫啉、噻虫胺、呋虫胺	作用于害虫的乙酰胆碱酯酶受体。与常规杀虫剂没有交互抗性，具有高效、广谱及良好的根部内吸性、触杀和胃毒作用，对环境安全。可防治同翅目、鞘翅目、双翅目和鳞翅目等害虫，既可用于茎叶处理、也可用于土壤、种子处理。
生物源杀虫剂	阿维菌素、多杀菌素、苏云金杆菌、弥拜菌素、甲胺基阿维菌素（埃玛菌素）、杀虫磺、杀虫环、蔗糖八羧酯、dihydroazadirchtin、Lepimectin、白僵菌、绿僵菌、核型多角体病毒、质型多角体病毒、颗粒体病毒	速度慢，安全性超高。

（续）

杀虫剂类型	包含主要杀虫剂	杀虫特点
苯甲酰脲类杀虫剂	虱螨脲、氟虫脲、除虫脲、氟酰脲、氟苯脲、氟啶脲、杀铃脲、氟铃脲、bistrifluron、noviflumuron、灭幼脲、杀虫隆（triflumuron）、伏虫隆（teflubenzuron）、定虫隆、啶蜱脲	昆虫生长调节剂，造成昆虫无法蜕皮而死亡，杀虫作用缓慢。低毒、低残留，但对家蚕高毒。
有机氯类杀虫剂	硫丹、三氯杀螨醇、林丹	高残留，为农药虫害防治和卫生害虫防治做出过突出贡献。

二、配　方

1. 石硫合剂（晶体或水剂）

树体喷雾，3 波美度使用，杀灭越冬病菌及虫卵。

2. 氟硅唑 + 毒死蜱乳剂

树体地面喷雾，主要用于树体萌芽期对越冬残存的病虫害杀灭，起到预防作用。氟硅唑的双向传导性对花被、萼片和侵入芽体内的病菌针对性强，毒死蜱水剂的触杀、胃毒功能对嫩叶起到全面的保护作用，预防和杀灭食叶害虫。

3. 甲基硫菌灵 + 苯醚甲环唑 + 阿维菌素 + 虱螨脲 + 丝润（扩展剂）

甲基硫菌灵和苯醚甲环唑这两种都是杀菌剂，针对半知菌类的黑斑病、褐斑病、炭疽病都具有预防、治疗和内吸等功能，不过甲基硫菌灵能通过内吸和传导功能杀灭枝干和根部病害，苯醚甲环唑则侧重叶部病害。两者混用能起到立体杀菌、持续预防作用。阿维菌素和虱螨脲都是杀虫剂，阿维菌素持效性慢反应杀灭害虫，对成虫、幼虫、若虫杀灭明显，对新产卵作用弱小。虱螨脲主要功能是杀卵，特别是对新产卵效果明显。两者互为补充，对害虫生活史各阶段的个体都起灭杀作用。丝润是扩展增效剂，增大药液扩散覆盖度，增强附着粘性。这几种有机组合，对花后坐果时果实的顶端黑斑病以及侵入幼嫩枝梢及新毛细根部的病害起到治疗作用和预防作用，对出土、孵化、产卵、幼虫等各阶段虫体起到综合持续杀灭作用。

4. 咪鲜胺 + 辛菌胺醋酸盐 + 毒死蜱乳剂 + 虱螨脲 + 丝润

咪鲜胺和辛菌胺醋酸盐都是杀菌剂，咪鲜胺治疗和预防黑斑病、褐斑病、炭疽病等病害，无内吸，只能触杀。辛菌胺醋酸盐是全功能杀菌剂，能加强咪鲜胺杀菌效果，有效补充咪鲜胺无内吸缺点，做到互补作用。毒死蜱乳剂和虱螨脲都是杀虫剂，毒死蜱乳剂长效持续杀虫，无内吸和传导作用，对虫卵效果不明显。虱螨脲主杀虫卵，特别是新产的卵，内吸和传导功能作为前者的补充。丝润是扩展增效剂，增大药液扩散覆盖度，增强附着粘性。

5. 咪鲜胺 + 戊唑醇 + 氯氰·敌敌畏 + 阿维菌素 + 虱螨脲 + 丝润

戊唑醇主杀炭疽病和根腐病，是对咪鲜胺杀菌剂的补充，在核桃果实灌浆期使用，预

防和治疗炭疽病效果明显。氯氰·敌敌畏＋阿维菌素＋虱螨脲组合杀虫，前者速效性，特别是熏蒸作用对钻入青果表皮的幼虫有毒杀作用，阿维菌素持续性杀虫，虱螨聊对卵有特效。这个组合体现杀菌杀虫全面性、立体性、速效与持续有机结合性，扩展和增效性。

参考文献

［1］张志华、裴东. 核桃学 ［M］. 中国农业出版社出版，2018：352，355，356－357，362－376.

［2］王贵. 核桃丰产栽培实用技术 ［M］. 北京：中国林业出版社，2010.

［3］东坡农夫. 农业技术 ［J/OL］. 2017-5-19.

［4］范志远，赵廷松，曾清贤，等. 鲁甸核桃种植资源 ［M］. 北京：科学出版社，2017.